Factor Analysis

만화로 쉽게 배우는 인자분석

저자 / Shin Takahashi (高橋 信)

日本 옴사 · 성안당 공동 출간

만화로 쉽게 배우는 **인자분석**

Original Japanese edition
Manga de Wakaru Toukeigaku [Inshibunseki Hen]
By Shin Takahashi and TREND-PRO
Copyright ⓒ 2006 by Shin Takahashi and TREND-PRO
Published by Ohmsha, Ltd.
This Korean Language edition co-published by Ohmsha, Ltd.
and Sung An Dang, Inc.
Copyright ⓒ 2017
All rights reserved.

머리말

본서는 인자분석과 주성분분석을 주로 설명한 책으로

- [만화로 쉽게 배우는 통계학], [만화로 쉽게 배우는 회귀분석]을 읽은 분 또는 동등 이상의 지식을 소유한 분들
- 인자분석에 관심이 있는 분들
- 주성분분석에 관심이 있는 분들
- 설문조사에 관심이 있는 분들

을 대상으로 하였다.

본서는 총 5장
- 제1장 설문조사의 기초지식
- 제2장 조사표와 질문
- 제3장 수학적인 기초지식
- 제4장 주성분분석
- 제5장 인자분석

으로 구성되어 있다. 각 장은
- 만화 부분
- 만화를 보충하는 부분

으로 구성되어 있다.

부록에서는 [만화로 쉽게 배우는 통계학]과 [만화로 쉽게 배우는 회귀분석]에 있는 내용을 포함하여, 유용한 분석 방법을 몇 가지 소개하고 있다.

머리말

이 책에서는 계산 과정을 자세하게 설명하였다. 수학에 자신이 있는 독자는 천천히 눈으로 훑어봐도 될 것이며, 수학에 자신이 없는 독자이더라도 대충 읽어 보는 정도로도 충분할 것이다. 즉, 의미도 잘 모르고 계산도 어려워 보이지만 우선 이러한 순서로 하다 보면 답을 구할 수 있겠구나라는 흐름을 아는 정도로 충분할 것이다. 무리하게 지금 당장 모든 것을 이해할 필요는 없다. 서두르지 말고 천천히, 다만 꼭 끝까지 읽어 보기를 바란다. 이 책의 인자분석 내용은 『만화로 쉽게 배우는 통계학』이나 『만화로 쉽게 배우는 회귀분석』에서 해설한 내용과 비교하여 계산이 상당히 번거롭다. 그러므로 계산 과정을 읽는 순간 이것은 그냥 읽어 보는 정도로는 안 되겠구나라고 생각할 독자도 적지 않을 것이라고 생각한다. 그러나 실망하지 말고 계속 노력하기 바란다. 또한, 인자분석의 계산은 확실히 번거롭긴 하지만, 이공대 입학 정도의 수학 지식을 갖고 있으면 결코 어렵지는 않을 것이다. 수학에 별로 흥미가 없는 독자에게는 조금 어렵게 느껴질지도 모른다. 어쨌든 서두르지 말고 천천히 읽어 보기 바란다.

숫자의 반올림으로 인하여 독자가 계산한 경우의 값과 이 책의 값이 일치하지 않는 부분도 간혹 존재할 것이다. 양해해 주기 바란다.

마지막으로 본인에게 집필의 기회를 주신 출판사 관계자 여러분께 감사드린다.

Shin Takahashi

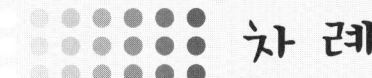

프롤로그

제1장 **우리들의 인자분석**

제1장 **제1장 설문조사의 기초지식**

1. 표본추출법
2. 조사 방법
3. 표본의 대략적 크기
4. 무작위추출법과 유의추출법
5. 양적조사와 질적조사
6. 데이터 분석의 처리 방법

제2장 **조사표와 질문**

1. 조사표의 구성
2. 질문의 분류
3. 피해야 할 질문
4. 피해야 할 질문(계속)
5. 「중간」의 존재

제3장 **수학적 기초**

1. 상관행렬
2. 단위행렬

차례

제4장

3. 회전
4. 고유값과 고유벡터
5. 대칭행렬
6. 행렬의 보충
7. 편차제곱의 합 · 분산 · 표준편차

주성분분석

1. 주성분분석이란?
2. 주성분분석의 주의점
3. 주성분분석의 구체적인 예
4. 변수의 선택과 제1주성분
5. 제1주성분과 종합 점수
6. 누적기여율의 대체적 기준
7. 제2주성분 이후의 주성분
8. 분산과 고유값

제5장

인자분석

1. 인자분석이란?
2. 인자분석의 주의점
3. 인자분석의 구체적인 예
4. 본 장의 예에 대한 표본
5. 주의점의 보충
6. 인자부하량의 값이 작은 변수의 처리(treatment)
7. 최우법

8. 왜 베리맥스 회전법뿐인가?

9. 인자부하량 행렬과 인자구조 행렬

10. 프로맥스법

11. 가정할 수 있는 공통인자 개수의 상한

12. 주인자법과 베리맥스법을 「과거의 유물」 취급하는 것에 대한 반박

13. 인자분석의 용어

부록

다양한 분석 기법

1. 다변량분석
    1.1 다변량분석의 개요
    1.2 중회귀분석
    1.3 로지스틱 회귀분석
    1.4 군집 분석
    1.5 대응분석과 수량화Ⅲ류
    1.6 구조방정식 모델링

2. 기타
    2.1 통계적 가설검정
    2.2 카플란 · 마이어법

참고문헌

찾아보기

등장인물소개

별이
대학 1학년. 낙천적이고 감정 변화가 심하며, 커피 전문점「노른」에서 아르바이트를 하고 있다.

별이 아빠
마케팅 회사에서 부장으로 근무. 약간 어른스럽지 못한 행동을 할 때도 있음.

나유식
별이 아빠의 부하 직원. 전에 별이의 가정교사였음. 지금은 별이와 친구도 아니고 애인도 아닌 관계

미우
대학 3학년. 별이의 아르바이트 동료. 이전에는 수학을 싫어했으나, 어떤 계기로 인해 통계에 빠짐.

한나
대학원생. 별이의 아르바이트 동료. 성격이 쿨함. 수재로, 연구에 깊이 빠짐.

프롤로그

우리들의 인자분석

Tea Room NORNS(노른)에 대한 · 설문조사

본 설문조사에 협력해 주신 모든 분에게는 쿠폰을 증정합니다!

성 별	남·여	연 령	세
직 업		연 봉	만 원

Q. 노른의 분위기는 어떻습니까?
① 매우 나쁘다. ② 나쁘다. ③ 어느 쪽도 아니다. ④ 좋다. ⑤ 매우 좋다.

Q. 웨이트리스의 복장이나 태도는 어떻습니까?
① 매우 나쁘다. ② 나쁘다. ③ 어느 쪽도 아니다. ④ 좋다. ⑤ 매우 좋다.

Q. 차의 맛은 어떻습니까?
① 매우 불만 ② 불만 ③ 어느 쪽도 아니다. ④ 만족 ⑤ 매우 만족

Q. 가격은 어떻습니까?   ① 싸다.   ② 어느 쪽도 아니다.   ③ 비싸다.

Q. 아래 4종류의 차에 대해 좋아하는 순으로 [1위]부터 [4위]까지 순위를 붙여 주세요.

1. 스트레이트 티 → [   ]위
2. 레몬 티   → [   ]위
3. 밀크 티   → [   ]위
4. 로즈 티   → [   ]위

Q. 당신은 Tea Room(찻집)을 좋아합니까?   ① 예   ② 아니오

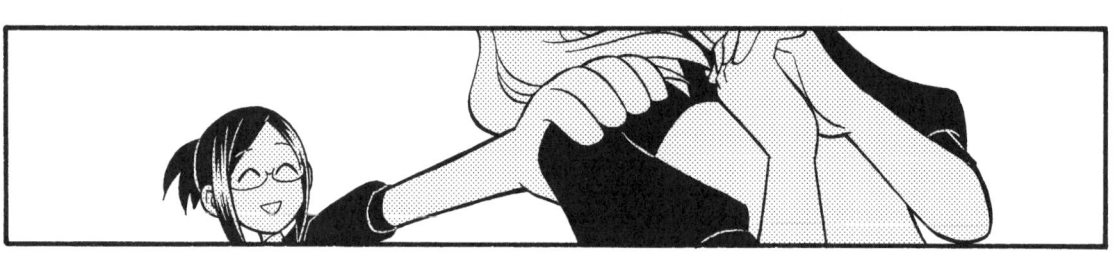

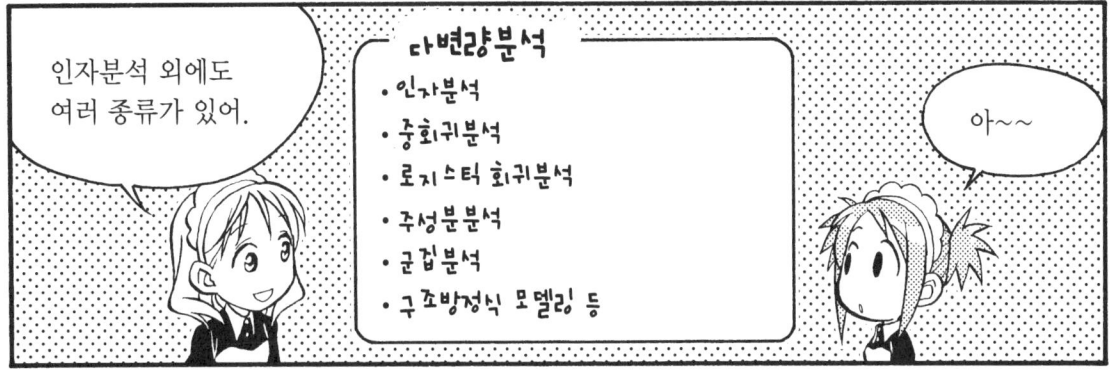

여기서, 인자분석이라는 것은 [잠재능력]이나 [잠재의식]이나…

데이터의 배후에 있는 것을 발견해 내는 분석방법이야.

그게 뭐지요??

간단히 말하면 설문조사의 결과로부터~

이 경우의 변수는 5개라는 거지.

배후에 있는 응답자의 「생각」을 알아내는 분석방법이라고 할까…?

「생각」은 몇 개 있을까…

그것들은 어떤 「생각」일까…

제1장

설문조사의 기초지식

1. 표본추출법
2. 조사 방법
3. 표본의 대략적 크기
4. 무작위추출법과 유의추출법
5. 양적조사와 질적조사
6. 데이터 분석의 처리 방법

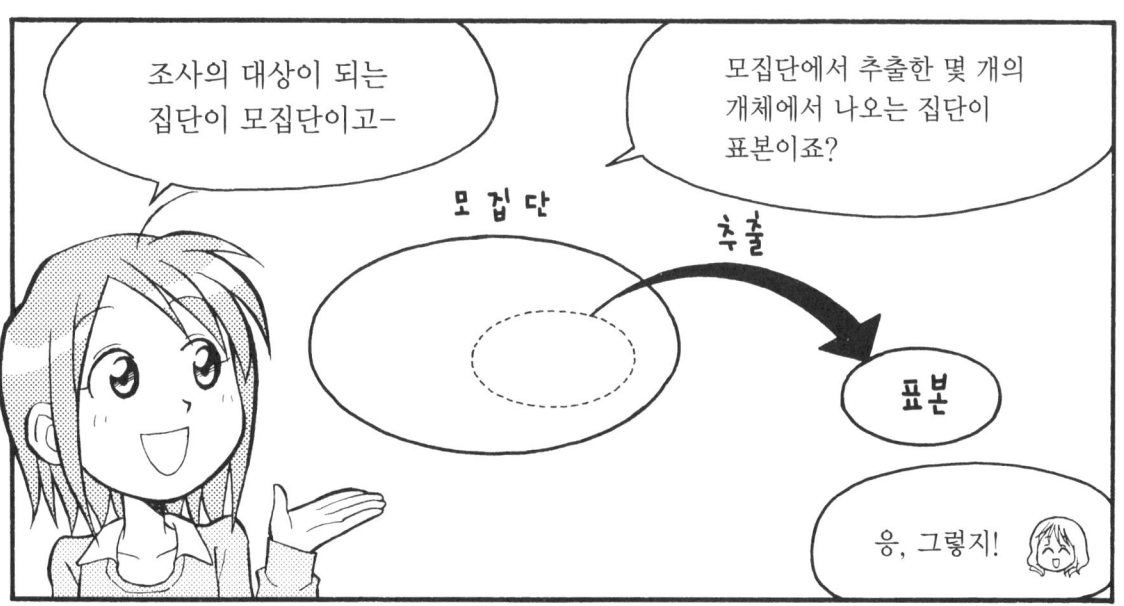
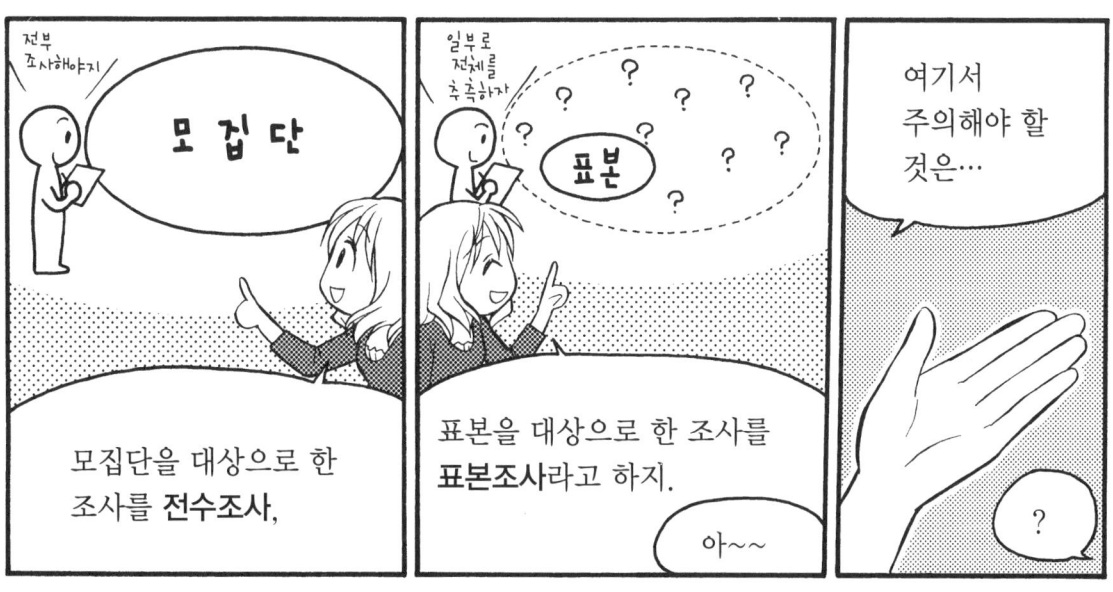

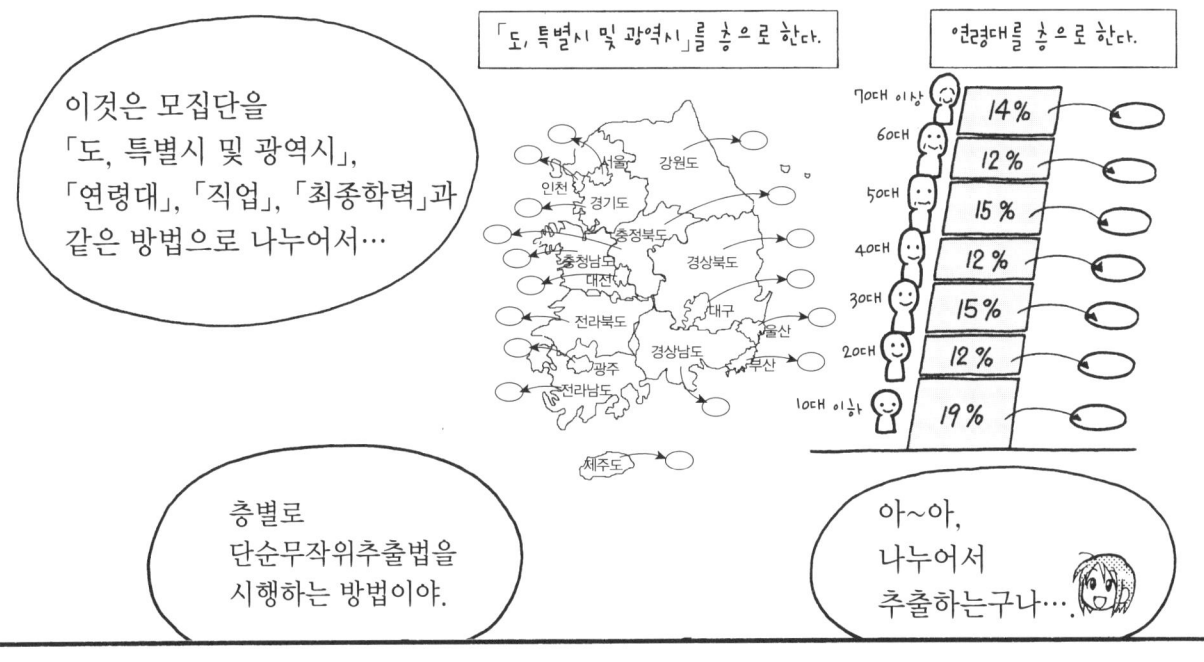

각 특별, 광역시도에서의 추출 인원은 이렇게 하는 거야.

지역	인구	구성비	추출 인원
서울특별시	9,763,000	0.2075	370
부산광역시	3,513,000	0.0747	130
대구광역시	2,456,000	0.0522	90
인천광역시	2,518,000	0.0535	100
광주광역시	1,414,000	0.0301	50
대전광역시	1,439,000	0.0306	50
울산광역시	1,045,000	0.0222	40
경기도	10,314,000	0.2198	400
강원도	1,461,000	0.0311	60
충청북도	1,454,000	0.0309	60
충청남도	1,879,000	0.0399	70
전라북도	1,779,000	0.0378	70
전라남도	1,815,000	0.0386	70
경상북도	2,595,000	0.0552	100
경상남도	3,041,000	0.0646	120
제주도	531,000	0.0113	20
합계	47,044,000	1.0000	1,800

2005년도의 인구주택 총조사의 자료를 참고로 작성

$$\frac{\text{경기도의 인구}}{\text{전체 인구}} = \frac{1034100}{47044000} = 0.2198$$

전체 추출 인원 × 구성비 = 1800 × 0.2198 = 395.69 ≒ 400

경기도에서는 400명을, 서울특별시에서는 370명을 추출한다는 거네요?

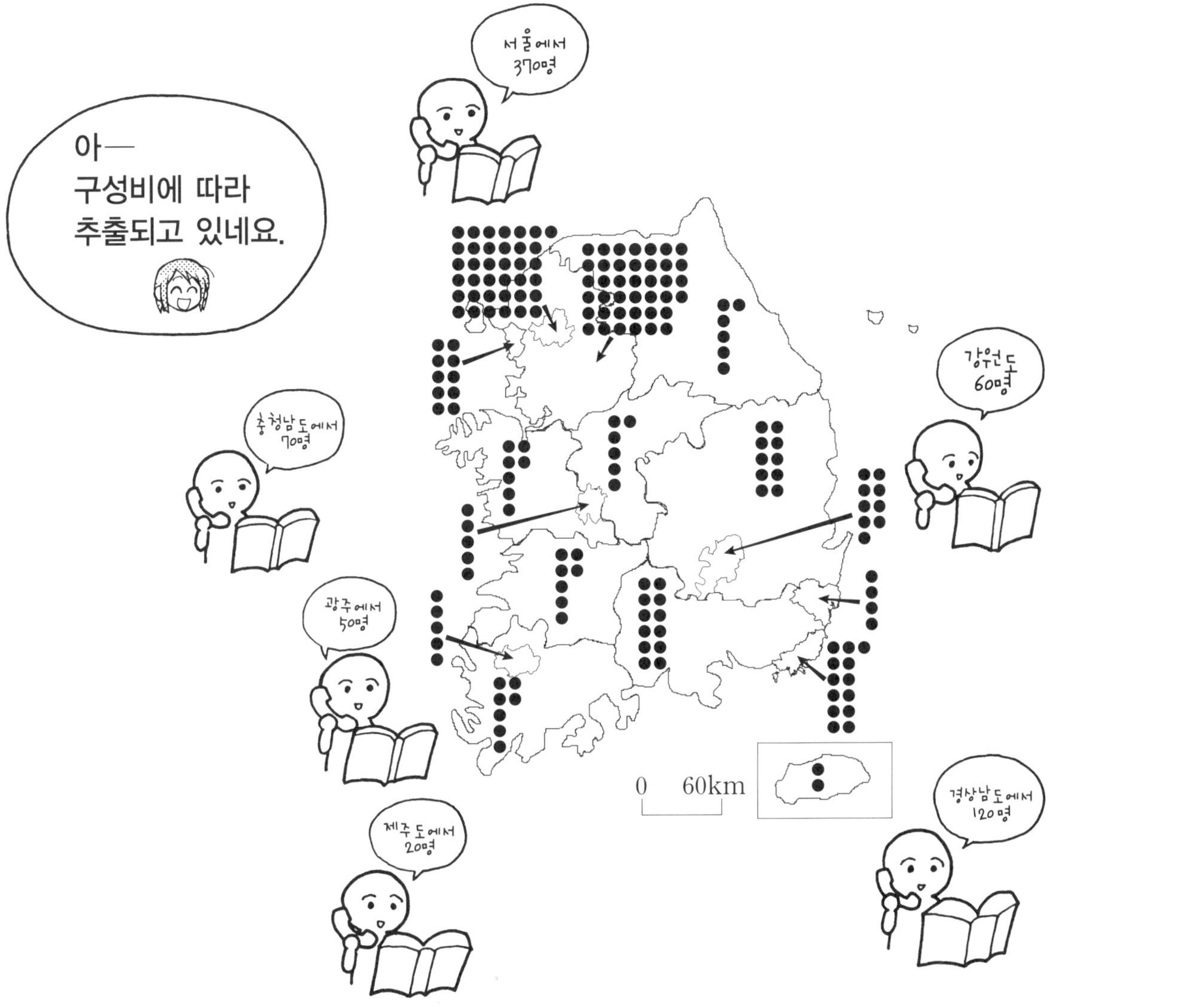

제1장 설문조사의 기초지식

> 현재의 16개 특별, 광역시도의 인구는 대략 이렇지.

지역	인 구	누적인구	누적인구의 하한값	누적인구의 상한값
서울특별시	9,763,000	9,763,000	1	9,763,000
부산광역시	3,513,000	13,276,000	9,763,001	13,276,000
대구광역시	2,456,000	15,732,000	13,276,001	15,732,000
인천광역시	2,518,000	18,250,000	15,732,001	18,250,000
광주광역시	1,414,000	19,664,000	18,250,001	19,664,000
대전광역시	1,439,000	21,103,000	19,664,001	21,103,000
울산광역시	1,045,000	22,148,000	21,103,001	22,148,000
경기도	10,314,000	32,489,000	22,148,001	32,489,000
강원도	1,461,000	33,950,000	32,489,001	33,950,000
충청북도	1,454,000	35,404,000	33,950,001	35,404,000
충청남도	1,879,000	37,283,000	35,404,001	37,283,000
전라북도	1,779,000	39,062,000	37,283,001	39,062,000
전라남도	1,815,000	40,877,000	39,062,001	40,877,000
경상북도	2,595,000	43,472,000	40,877,001	43,472,000
경상남도	3,041,000	46,013,000	43,472,001	46,013,000
제주도	531,000	47,044,000	46,013,001	47,044,000
합계	47,044,000			

2005년도의 인구주택 총조사의 자료를 참고로 작성

스텝1 엑셀의 [rand]라고 하는 함수 등을 이용하여, 1 이상 47,044,000 이하의 난수(亂數)를 10개 구한다.

난수 1	46,658,542
난수 2	4,736,417
난수 3	28,061,006
난수 4	42,297,534
난수 5	41,615,570
난수 6	45,089,995
난수 7	681,965
난수 8	19,166,766
난수 9	40,610,571
난수 10	6,519,573

스텝2 스텝1에서 구한 난수의 값이 [누적인구의 하한값]과 [누적인구의 상한값]에 포함되어 있는 지역을 찾는다.

난수 1	46,658,542	→	제주도
난수 2	4,736,417	→	서울특별시
난수 3	28,061,006	→	경기도
난수 4	42,297,534	→	경상북도
난수 5	41,615,570	→	경상북도
난수 6	45,089,995	→	경상남도
난수 7	681,965	→	서울특별시
난수 8	19,166,766	→	광주광역시
난수 9	40,610,571	→	전라남도
난수 10	6,519,573	→	서울특별시

'47,044,000'이라는 값은 16개 특별, 광역시도 인구의 합계에서 나온 거야.

어라? 서울특별시는 3개를 선택해 버렸네~.

추출된 결과를 따르자.

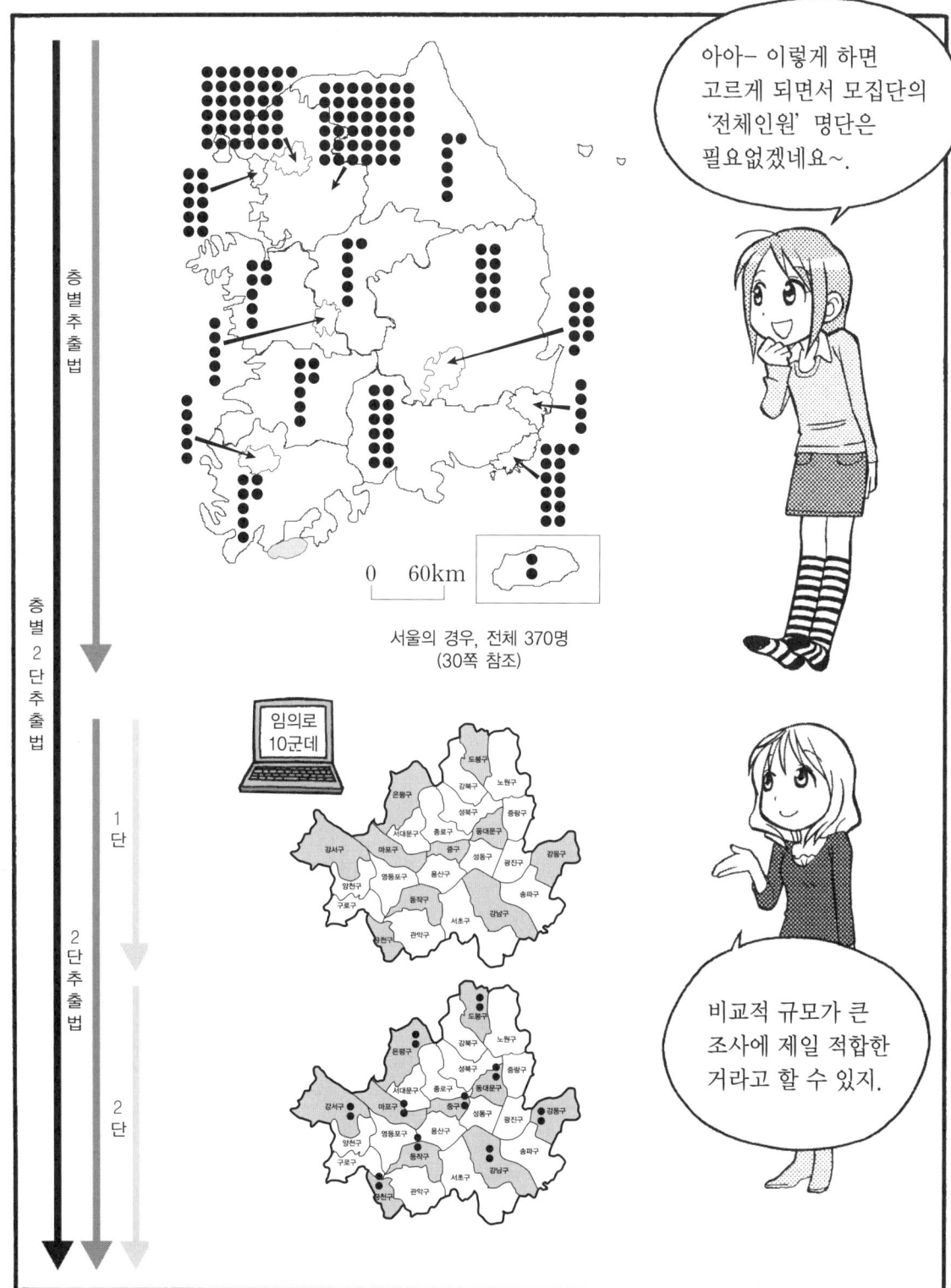

	우편조사 응답자에게 조사표를 보내 반송을 부탁하는 방법	인터넷조사 **전원 참가형** 불특정 다수의 사람들로부터 웹에서 응답을 받는 방법 **모니터형** 가지고 있는 모니터에서 웹으로 응답하는 방법
지역과 명부	광범위한 지역의 사람들을 대상으로 조사한다. 조사표를 보내지 않으면 안 되기 때문에 주소록 등의 명부가 필요하다.	광범위한 지역의 사람들을 대상으로 조사할 수 있다. 응답자가 스스로 참여하므로 주소록 등의 명부가 필요하지 않다.
질문량	'이번엔 여기까지 하고 다음은 다른 날에…'와 같은 방식에서 응답자는 자신의 입장에서 응답의 시기를 결정할 수 있다. 따라서 많은 질문을 할 수 있다.	응답자는 한 번에 답해 줄 것을 요구받는다. 기본적으로 중단은 불가능하다. 따라서 너무 많은 질문을 하기 어렵다.
응답의 신뢰성	일반적으로 20~30%의 조사표만 돌아온다. 그러므로 분석자가 「모집단의 정교한 축소판」과 같은 표본을 상정하고 그 표본을 형성하는 각 응답자에게 조사표를 일일이 보냈다고 해도 보낸 조사표의 구성비가 「모집단의 정교한 축소판」과 같다는 보장은 없다.	**누구나참가형** 응답자측에서 참여하고 있기 때문에 「모집단」과 「표본」을 분석자가 상정할 여지는 없다. **모니터형** 모든 모니터에서 잘 추출하므로, 「모집단의 정교한 축소판」과 같은 표본을 형성할 수 있을 거라고 생각한다. 그러나 「컴퓨터를 이용하는 경우는 자신이 원해서 모니터의 일원이 된 사람들의 집단」이라는 점에서, 모든 모니터가 '일반적인 사람'의 의견을 듣는 것이 용이하지 않다.
수집 기간	길다.	짧다.
데이터의 입력	분석자(또는 다른 연구원)가 입력한다.	회답자가 입력한다. 회답자가 입력하면 동시에 자동적으로 입력이 되므로 별도의 입력작업이 필요하지 않게 된다.

그렇구나.

3. 표본의 대략적 크기

　표본을 형성하는 개체의 개수를 **표본의 크기**라고 한다.
　표본의 크기가 크면 클수록 모집단에 근접해 가므로, 표본의 크기가 큰 경우를 나쁘다고 볼 수는 없다. 그러므로 표본의 크기가 조금이라도 커지도록 데이터 수집을 열심히 해야 한다.

　그렇지만 데이터의 수집기간이나 예산이라는 현실적인 문제 때문에 표본의 크기를 크게 하는 것은 사실 용이하지 않다. 그렇다면「표본의 크기가 ××정도인 데이터를 분석하면, 곧 모집단의 축소판이 되는 타당한 결과를 얻게 된다.」고 하는「표본 크기의 통계학적인 최저기준」의 존재를 알고 싶겠지만, 아쉽게도 그러한 기준은 없다.

　앞서 서술한 것처럼「표본 크기의 통계학적인 최저기준」은 존재하지 않는다. 다만 적어도 설문조사의 세계에서는「약 400」을 최저기준으로 보는 것이 있기는 하다. 그러나 이「약 400」은「그런 방법도 있다.」는 정도로만 생각해 둘 값이지, 무조건으로 신뢰할 것은 아니다. 그러나 어떠한 이유에선지「금과옥조」까지는 아니지만「정확히는 모르겠지만 통계학적으로 신뢰할 수 있는 값」이라고 생각하는 사람이 의외로 적지 않은 듯 하다. 여기서는「약 400」이 어떻게 하여 구해지는지 설명하겠다. 또한 주의점도 밝혀 둔다.

　A신문사가

Q 당신은 △△정부를 지지합니까? (○는 1개만)	
1. 지지한다.	2. 지지하지 않는다.

라는 앙케이트를 한 달 후에 하고 싶다고 하자.
　어려운 얘기를 해야 하기 때문에 상세한 것은 생략하지만, 통계학적으로는 사실 설문조사를 하기 전부터

> 모집단인 [유권자 전원]에 대한 정부 지지율 P는 통계학을 구사해도 구체적으로 몇 가지인지 알 수 없지만 적어도
>
> $$p - 1.96 \times \sqrt{\frac{p \times (1-p)}{n}} \text{ 이상 } p + 1.96 \times \sqrt{\frac{p \times (1-p)}{n}} \text{ 이하}$$
>
> 의 범위 안에 있는 것은 틀림없다.
>
> * P는 모집단에 대한 정부 지지율을, p는 표본에 대한 정부 지지율을, n은 표본의 크기를 의미한다.

라는 것을 **신뢰수준** 95%로 알고 있다는 것이다. 신뢰수준을 신뢰율이나 신뢰계수라고도 한다.

앞쪽의 박스 안의 내용을 다시 한 번 보도록 하자.

$$1.96 \times \sqrt{\frac{p \times (1-p)}{n}}$$

의 값이 작을수록 범위가 좁아져서 설득력이 높아진다. 여기서

- 설득력이 있는 결과, 그것은 $1.96 \times \sqrt{\frac{p \times (1-p)}{n}}$ 가 p의 $\frac{1}{10}$ 이하인 것이다.
- 또한 설문조사를 하지 않고 있음으로 단언할 수는 없지만, p의 값은 반드시 0과 1의 중간 값인 0.5일 것이다. 즉, $p=0.5$이다.

와 같이 생각하자. 그러면 다음과 같은 결과가 나온다.

$$1.96 \times \sqrt{\frac{0.5 \times (1-0.5)}{n}} \leq 0.5 \times \frac{1}{10}$$

$$1.96 \times \sqrt{\frac{0.5 \times (1-0.5)}{n}} \leq 0.05$$

$$\frac{1.96}{0.05} \times \sqrt{\frac{0.5 \times (1-0.5)}{n}} \leq 1$$

$$\left(\frac{1.96}{0.05}\right)^2 \times \frac{0.5 \times (1-0.5)}{n} \leq 1^2$$

$$\left(\frac{1.96}{0.05}\right)^2 \times 0.5 \times (1-0.5) \leq n$$

$$384.2 \leq n$$

이 384.2가 앞서 말한 [약 400]이다.

「약 400」에 대해 주의할 점 네 가지를 알아보자.
첫째, 「약 400명 분의 데이터를 모으기만 하면 그것으로부터 타당한 결과가 틀림없이 얻어

진다.」고 생각해서는 안 된다. 예를 들어「헌법 제 70조 '대통령의 임기는 5년으로 하며, 중임할 수 없다.'에 대해 어떻게 생각하나?」라는 질문에 대한 답을「A신문 구독자 400명」을 대상을 조사하여도 A신문 구독자의 총 의견은 나름대로 판명할 수 있을지는 몰라도 한국인 전체의 총 의견은 알 수 없다.

둘째,「400명 분을 만족하지 않는 데이터로 분석하는 것은 신용할 수 있는 결과가 나오지 않는다.」고 생각해서는 안 된다. 예를 들어「헌법 제 70조에 대해 어떻게 생각하는가?」와 같은 질문에 대한 답을「A신문 구독자 400명」에게 질문하는 것보다「A신문, B신문, C신문, D신문, E신문의 구독자 50명씩] 조사하는 것이 더 정확한 결과를 얻을 수 있을 것이다.

셋째,「약 400」이 유도된 과정을 다시 한번 생각해 보자. 질문은「당신은 △△정부를 지지합니까?」의 한 질문뿐이며, 선택은「지지한다.」,[지지하지 않는다.」의 2개였다.「약 400]이라는 것은「답의 질문이 하나만」인 경우에 대응하는 값이어서, 예를 들면「5지선다형의 질문이 10개」의 경우에 대한 값이 아니다. 즉, 대응하는 값이 아닌 것이다.

넷째, 앞 페이지의 박스 부분이 신경쓰였을 것이다. 사실, 그것은 절대적인 것이 아니고, 분석자 자신이 정의하는 것이다. 즉,「$\frac{1}{10}$ 이하」가 아닌, 예를 들면,「$\frac{1}{50}$ 이하」라고 하는 것도「$p=0.5$」가 아닌, 예를 들어「$p=0.273$」이라고 하는 것도 모든 깃을 분석자가 결정하는 것이다. 그러므로 정의에 대해서는 계산결과가「약 400」과 비슷하더라도 다른 값이 충분히 나올 수 있다. 아니, 나올 수 있는 것이 아니라 틀림없이 그렇게 된다.

4. 무작위추출법과 유의추출법

표본추출법은 크게 **무작위추출법**과 **유의추출법**으로 구분한다. **무작위추출법**은 표본을 형성하는 각 개체가 모집단에서 같은 확률로 추출되는 것을 목표로 하는 방법이다. 23쪽에서 37쪽까지 설명한

- 단순무작위추출법
- 층별추출법
- 2단추출법
- 층별2단추출법

은 모두 무작위추출법의 일종이다. **유의추출법**은 무작위추출법이 아닌 방법, 즉 표본을 형성하는 각 개체가 모집단에서 같은 확률로 추출하지 않아도 상관없는 방법이다.

유의추출법에는 다음의 표와 같은 것이 있다.

소개법[1]	지인이나 친구 등 조사에 협력해 줄 것 같은 사람들을 표본으로 하는 방법
응모법	독자 카드 등으로 응모한 사람들을 표본으로 하는 방법
인터셉트법	상점 거리 등에서 조사에 협력해 준 사람들을 표본으로 하는 방법

유의추출법에 따른 표본은 언제나 「모집단의 정교한 축소판」이 되지는 않는다고 한다면 유의추출법은 지금 하나의 방법으로 생각될지도 모르지만, 반드시 그렇지만은 않다.

다음 절에 계속된다.

---

1 **연고법**이나 **기록법**이라고도 불린다. 조사에 협력해 줄 것 같은 사람을 지인이나 친구로부터 소개 받는 경우에는 특히 **눈사람법**이라고 불린다.

5. 양적조사와 질적조사

지금까지 표본추출법이나 조사 방법의 차이를 여러 가지 논하였는데, 그 이전에 조사를 시작할 때는 먼저 다음 그림과 같이 크게 양적조사와 질적조사가 있다는 것을 알아두기 바란다.

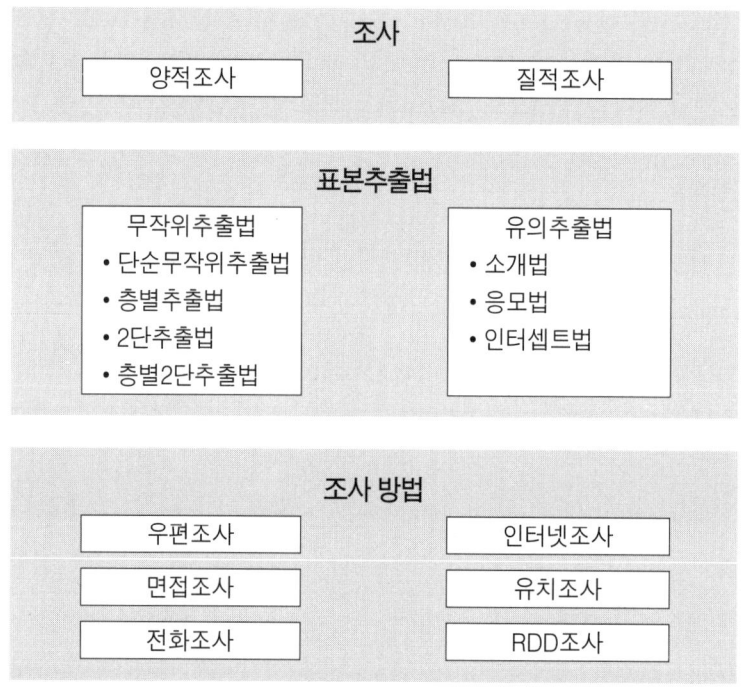

◆ 그림 1.1 조사와 표본추출법과 조사 방법

양적조사란 크게 말해 「조사표에서 얻은 데이터」나 「정부의 통계자료」를 토대로 사물을 고찰하는 조사이다. 본 책에서 설명하고 있는 것은 이 절을 제외하고는 모두 양적조사에 대한 것이다. **질적조사**란 크게 말해 소수(少數)를 대상으로 한 「취재」를 말한다.

양적조사는
- 객관적인 결과를 얻을 수 있다.
- 결과를 일반화하기 쉽다.
- 재현성이 높다.

등의 강점이 있다. 반면에, 각 응답자로부터 깊이 있는 정보를 얻어야만 한다는 단점도 있다. 즉, 집단이「대체로 이런 상황인 것 같다.」라는 정도의 정보 밖에 얻을 수 없다는 단점이 있다.

한편, 질적조사는 양적조사와는 정반대의 성질을 가지고 있다. 필요한「취재」이므로, 각 응답자로부터 깊은 정보를 얻을 수 있는 장점이 있다.

그 반면에,
- 객관적인 결과를 얻기 어렵다.
- 결과를 일반화하기 어렵다.
- 재현성이 낮다.

는 단점이 있다.

언뜻 보면 질적조사는 별로 좋지 않은 것으로 생각할 지도 모르지만 그런 것은 아니다. 예를 들어, 당신이 어느 회사의 사원이라고 하자. 당신의 회사 상품에 관한 다음 2개의 조사를 머리 속으로 상상해 보자.

조사 1	무작위로 추출한 1000명으로부터, 즉 우리 회사의 상품은 어떻든 좋다고 생각하는 사람도 적지 않게 포함된 1000명으로부터 기존 상품에 대해 조사표로 의견을 묻는다.
조사 2	우리 회사의 상품을 평가해 주고 있는 10명으로부터 기존 제품에 대한 원탁 회의에서 의견을 묻는다.

전자는「무작위추출법으로 양적조사」이고, 후자는「유의추출법으로 질적조사」이다. 어떤가? 물론 조사의 목적에 따라 일률적으로 말하기 어려운 면도 있지만, 전자는 무조건 좋은 조사라고 단언할 수 있을까? 후자는 실천할 가치가 없는 조사일까?

오히려 양적조사는 무작위추출법에 따른 표본은 물론이고 유의추출법에 따른 표본에 대해 실시해도 상관없다. 질적조사는 유의추출법에 따른 표본에 대해 실시되는 것이 압도적으로 많지만, 유의추출법에 따른 표본은 물론 무작위추출법에 따른 표본에 대해 실시해도 상관없다.

6. 데이터 분석의 처리 방법

아래의 내용은 매우 중요하다. 다만, 지금까지 설명한 내용과는 많은 차이가 있다. 잘 읽어보기 바란다.

데이터 분석의 처리 방법에는 「탐색형」과 「검증형」이 있다.

「탐색형」 데이터 분석의 흐름
1. 주위에 데이터가 있다.
2. 이들 데이터를 다양한 분석 방법을 통해 이리 저리 분석해 본다.
3. 「아무래도 세상은 이런 것 같아」라는 것을 후천적으로 알게 된다.
4. 분석결과를 발표한다.

「검증형」 데이터 분석의 흐름
1. 가설을 세운다.
2. 가설의 옳고 그름을 판단하기 위해 데이터를 모아 분석해 본다.
3. 가설의 옳고 그름을 안다.
4. 분석결과를 발표한다.

「탐색형」 데이터 분석은 주위에 데이터만 있으면 금방 간단하게 실시할 수 있다는 이점이 있다. 반면에, 데이터를 마음대로 가공하거나 변수 간의 인과관계를 무리하게 만드는 등, 멋대로 만들 수 있는 단점이 있다. 한 개만 달라도 「엉뚱한 결과」가 나온다. 그러므로 고생해서 분석결과를 발표해도 설득력이 부족하다고 생각할 가능성이 높다.

「검증형」 데이터 분석은 처음 가설을 세우지 않고서는 아무것도 안 되므로 쉽게 시작할 수 없다는 단점이 있다. 반면에, 가설을 세운 후에 데이터를 수집하여 분석하므로 가설이 바르게 세워진 경우는 주위에서 정말 설득력이 있는 결과로 생각해 주는 이점이 있다. 가설이 바르지 않은 경우에도 「적어도 이 가설은 바르지 않다.」는 사실이 이후의 연구지침에 조금이라도 기여하기 때문에 질내 무의미한 데이터 분석은 아니다.

제 2 장

조사표와 질문

1. 조사표의 구성
2. 질문의 분류
3. 피해야 할 질문
4. 피해야 할 질문 (계속)
5. 「중간」의 존재

1. 조사표의 구성

고객 설문조사

■ **고객 자신에 대한 질문입니다.**

Q1. 성별을 표시해 주세요. (O표는 하나만)

1. 남성	2. 여성

Q2. 나이를 적어 주세요.

☐ 세

Q3. 직업을 표시해 주세요. (O표는 하나만)

1. 회사원	2. 자영업	3. 학생
4. 주부	5. 기타 ( )	

■ **본 상점에 대한 질문입니다.**

Q4. 종업원의 응대가 어떻습니까? (O표는 하나만)

1. 매우 나쁘다.	2. 조금 나쁘다.	3. 그저 그렇다.	4. 좋다.	5. 매우 좋다.

Q5. 주문한 케이크·음료의 맛은 어떻습니까? (O표는 하나만)

1. 매우 불만족	2. 불만족	3. 그저 그렇다.	4. 만족	5. 매우 만족

Q6. 본 상점에 들리신 이유는 무엇입니까? (O표는 하나만)

1. 잡지나 광고를 보고	2. 홈페이지를 보고	3. 친구·지인으로부터 듣고
4. 지나가다 보여서	5. 외부 분위기가 마음에 들어서	6. 기타 ( )

설문에 응해 주셔서 감사합니다.

고객 설문조사

■ **본 상점에 대한 질문입니다.**

Q1. 종업원의 응대가 어떻습니까? (○표는 하나만)

| 1. 매우 나쁘다. | 2. 조금 나쁘다. | 3. 그저 그렇다. | 4. 좋다. | 5. 매우 좋다. |

Q2. 주문한 케이크·음료의 맛은 어떻습니까? (○표는 하나만)

| 1. 매우 불만족 | 2. 불만족 | 3. 그저 그렇다. | 4. 만족 | 5. 매우 만족 |

Q3. 본 상점에 들리신 이유는 무엇입니까? (○표는 하나만)

| 1. 잡지나 광고를 보고 | 2. 홈페이지를 보고 | 3. 친구·지인으로부터 듣고 |
| 4. 지나가다 보여서 | 5. 외부 분위기가 마음에 들어서 | 6. 기타 (   ) |

■ **고객 자신에 대한 질문입니다.**

Q4. 성별을 표시해 주세요. (○표는 하나만)

| 1. 남성 | 2. 여성 |

Q5. 나이를 적어 주세요.

☐ 세

Q6. 직업을 표시해 주세요. (○표는 하나만)

| 1. 회사원 | 2. 자영업 | 3. 학생 |
| 4. 주부 | 5. 기타 (   ) | |

설문에 응해 주셔서 감사합니다.

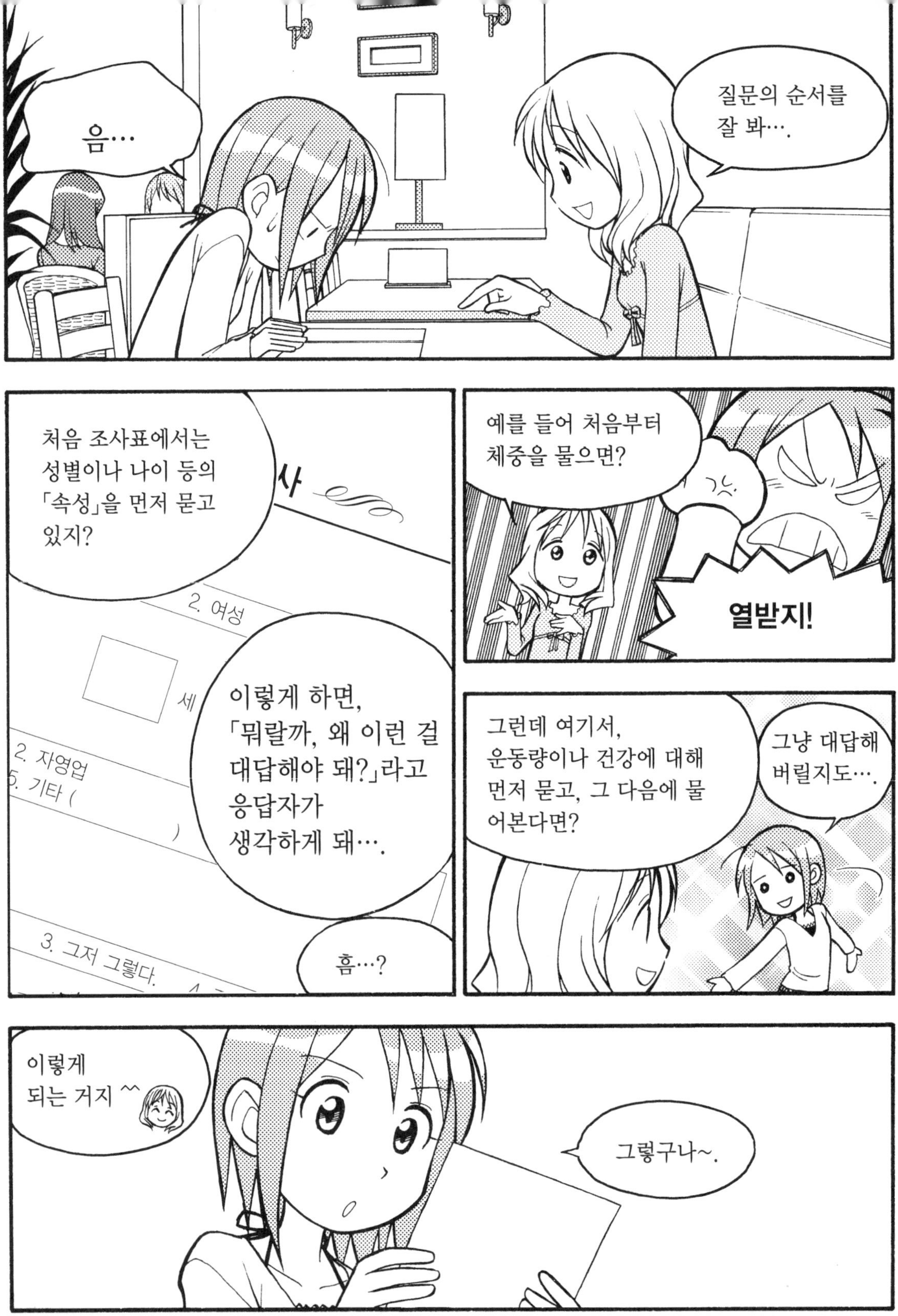

2. 질문의 분류

우선 단수응답의 질문이야.
이것은 한 가지만 선택할 수 있는 질문이야.

Q. 다음 중, 제일 좋아하는 케이크는 무엇입니까? (○표는 하나만)
 1. 생크림케이크   2. 치즈케이크   3. 쵸코케이크   4. 아몬드케이크

Q. 당신이 혼자 살기 위해 주거를 택할 때,「전철역까지의 거리」를 어느 정도 중요시합니까? (○표는 하나만)
 1. 전혀 안 중요   2. 안 중요   3. 상관 없음   4. 조금 중요시   5. 중요시

~~~~~~~~~~~~~~~~~~~~~~~~

선택지가 같은 질문이 여러 개인 경우는 설문지의 지면에
제약이 있으므로 이렇게 하는 게 좋아.

Q. 당신이 혼자 살기 위해 주거를 택할 때, 아래의 것들을 어느 정도 중요시합니까? (○표는 각각 하나만)

	전혀 안 중요	안 중요	상관 없음	중요	아주 중요
a. 전철역까지의 거리	1	2	3	4	5
b. 일조량	1	2	3	4	5
c. 수납공간	1	2	3	4	5
d. 집세	1	2	3	4	5

복수응답

다음은 복수응답의 질문이야.
이것은 복수 선택이 가능한 질문이야.

Q. 당신이「혼자 살기 위해 주거를 택할 때, 중요시 하는 것」은 무엇입니까?
   (여러 개 선택 가능)

| 1. 전철역까지의 거리 | 2. 일조량 | 3. 수납공간 |
| 4. 집세 | 5. 주변시설 | |

다음과 같은 방법도 있는데 별로 추천하고 싶지는 않아.

Q. 당신이「혼자 살기 위해 주거를 택할 때 중요시 하는 것」은 무엇입니까?
   (○표는 2개까지)

| 1. 전철역까지의 거리 | 2. 일조량 | 3. 수납공간 |
| 4. 집세 | 5. 주변시설 | |

주목!

왜요?

「여러 개 선택 가능」의 경우와는 달리, 우선 전체 선택지를 읽어 보지 않으면 대답할 수 없으니까, 응답자의 불만이 큰 거야.

수량응답

다음은 수량응답의 질문이야. 이것은 구체적인 수치로 응답하는 질문이지. 이런 식으로 단위별로 선을 그어 구별하면, 잘못 쓰는 것을 방지할 수 있어.

Q. 당신의 한 달 용돈은?
십만 / 만 / 천 / 백 / 십 / 일   원

문자응답

마지막으로 문자응답의 질문이야.
답을 선택하는 것이 아닌, 자유롭게 응답하는 질문이야.

Q. 당신이 가장 좋아하는 연예인을 한 명만 쓰시오.

회신란	

Q. 본 상점에 대한 의견이나 희망이 있으면 기입하시오.

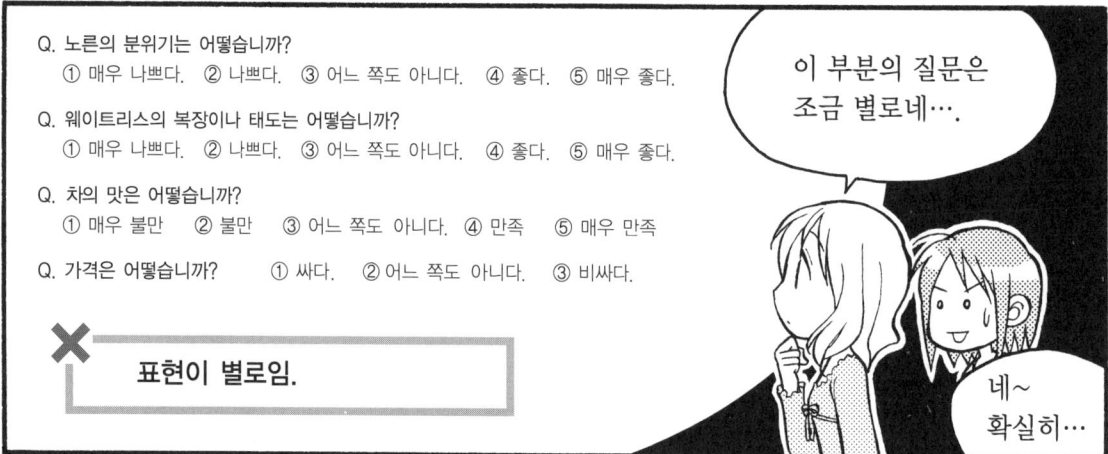

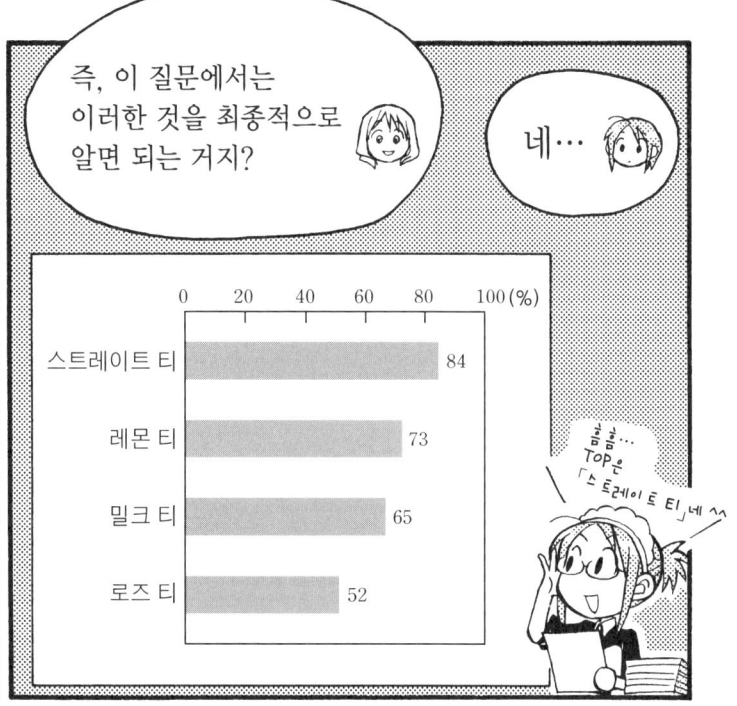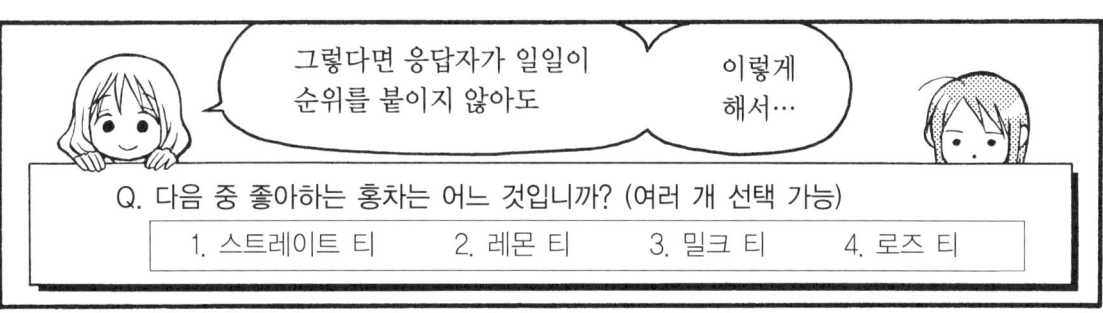

4. 피해야 할 질문 (계속)

앞에서, 피해야 할 질문으로
- 개인적인 것에 대한 구체적인 질문
- 표현이 좋지 않은 질문
- 2개 이상의 의미를 가지고 있는 질문
- 순위를 붙이는 질문

이라는 네 가지를 보았다. 하지만 피해야 할 질문이 더 있다. 몇 가지 더 소개하겠다.

■ 응답을 유도하고 있는 질문

> Q. 우리나라는 자원이 적기 때문에, 과학기술에 관한 교육은 21세기에 들어오면서 더욱 중요하게 여겨진다. 여기서, 당신은 중학교 이후의 과학교육에 대해 어떻게 생각합니까? (○표는 하나만)
>
> 1. 더욱 충실해야 된다.   2. 지금처럼만 하면 된다.

많은 사람이 「1. 더욱 충실해야 된다.」고 대답하지 않으면 안 될 것 같은 느낌이 들 것이다.

■ 단계가 너무 많은 질문

Q. 당신은 직장을 결정할 때, 아래의 것들을 얼마나 중요하게 생각합니까? (○표는 하나만)

	전혀 안 중요함.	좀 더 안 중요함.	안 중요함.	조금 안 중요함.	상관 없음.	조금 중요함.	중요함.	좀 더 중요함.	아주 중요함.
a. 유명하다.	1	2	3	4	5	6	7	8	9
b. 신입교육을 철저히 한다.	1	2	3	4	5	6	7	8	9
c. 잘 못해도 일을 맡긴다.	1	2	3	4	5	6	7	8	9
⋮	⋮	⋮	⋮	⋮	⋮	⋮	⋮	⋮	⋮

아마도 조사자는 「5단계 정도로는 응답자의 섬세한 심리까지 잡을 수 없다.」고 생각해서 이렇게 많은 단계의 질문을 작성했을 것이다. 확실히 그런 느낌이 들기는 하지만 질문이 점점 많아질수록, 응답자는 「이제 7이든 8이든 상관없어」라고 느끼기 시작할 것이다.

학술적인 증거가 있는 것이 아니라 어디까지나 사견이지만, 단계는 최대 7개가 넘으면 안 된다고 생각한다.

■ 점수를 붙이는 질문

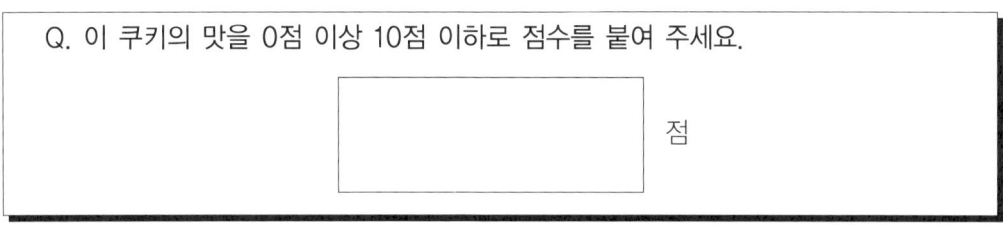

아래 그림과 같이 되어 있지 않으면 점수 사이의 간격이 전혀 상상되지 않아, 응답자가 답하기 어려울 것이다.

그리고 잘 생각해 보면 「0점」을 어떻게 해석할까, 즉 「맛없다.」라고 해석할지 「그냥 보통이다.」라고 해석할지, 응답자는 판단할 때 고민을 하게 될 것이다.

■ 자유응답을 하는 질문

Q. 당신이 제일 좋아하는 연예인을 한 명만 쓰시오.

응답란	

자유응답을 하는 질문은,

• 응답자는 문자를 통하여 자유로운 응답이 가능하다.
• 조사자는 예기치 않은 흥미로운 답을 얻을 가능성이 있다.

라는 이점이 있다. 이렇게 보면 좋은 점뿐이지만, 실제로는 그렇게 쉽게 평가할 수 있는 것이 아니다.

우선「자신이 응답자라면」이라고 생각해 보자. 당신이 초·중고생이라면 모를까,「가장 좋아하는 연예인」을 갑자기 생각해 낼 수 있을까?

별로 관심이 없는 것을 갑자기 질문한다면 바로 대답할 수 있겠는가?

다음은「자신이 조사자라면」이라고 생각해 보자. 혹시 이것이 우편 조사인 경우, 응답을 얻은 후에

	A	B
1		가장 좋아하는 연예인
2	회답자 1	(이름)
3	회답자 2	(이름)
4	회답자 3	(이름)
5	회답자 4	(이름)
6	회답자 5	(이름)
⋮	⋮	⋮

라고 한 경우에 데이터를 입력하는 것은 다른 누구도 아닌 바로 당신이다. 다양한 응답이 얻어질수록 자기 자신이 더욱 고생한다는 것을 알겠는가?

예비조사에서 자유응답을 하고, 거기서 상위 5개를 아래와 같이 선택해서, 번호를 붙여 놓으면 어떨까?

```
Q. 당신이 가장 좋아하는 연예인을 한 명만 선택하시오.(O표는 하나만)
   1.(이름)    2. ⋯    3. ⋯    4. ⋯    5. ⋯
```

5.「중간」의 존재

단계적인 평가를 할 때,「어느 쪽도 아니다.」라는「중간」을 포함하는 경우와 포함하지 않은 경우가 있다.

■ 「중간」을 포함하는 경우

	전혀 중요하지 않음.	중요하지 않음.	상관 없음.	중요함.	아주 중요함.
a. 전철역까지의 거리	1	2	3	4	5
b. 일조량	1	2	3	4	5

■ 「중간」을 포함하지 않는 경우

	전혀 중요하지 않음.	중요하지 않음.	중요함.	아주 중요함.
a. 전철역까지의 거리	1	2	3	4
b. 일조량	1	2	3	4

포함하든 안 하든 어느 쪽이든 상관없다고 필자는 생각한다.
다만, 포함하지 않으면,
- 반드시 Yes인지 No인지 확실히 해야 함으로써 응답자의 심리적 부담이 크다.
- 「중간」을 포함한 경우와 비교해서 히스토그램의 형태가 정규분포에 가까워질 가능성이 낮다.

「중간」을 포함하는 경우　　　　　　「중간」을 포함하지 않는 경우

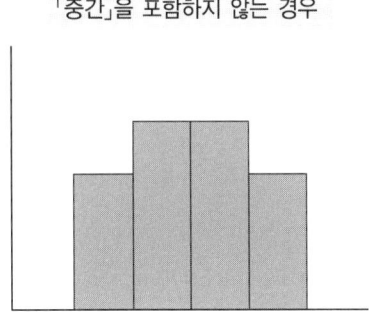

라는 문제가 있긴 하다.
　어느 쪽으로 할지 고민된다면, 이것저것 생각하기 보다는, 주위의 친구 등을 상대로 예비조사를 해 보는 것이 좋다.

제3장

수학적 기초

1. 상관행렬
2. 단위행렬
3. 회전
4. 고유값과 고유벡터
5. 대칭행렬
6. 행렬의 보충
7. 편차제곱의 합 · 분산 · 표준편차

1. 상관행렬

	국어	사회	과학	영어	수학
학생 1	92	83	77	156	38
학생 2	97	82	68	114	33
학생 3	100	100	93	176	44
학생 4	89	77	100	158	46
학생 5	95	79	75	140	37
학생 6	99	96	84	174	42
학생 7	97	87	98	190	49
학생 8	93	77	73	132	35
학생 9	89	75	72	132	35
학생 10	98	93	70	186	37

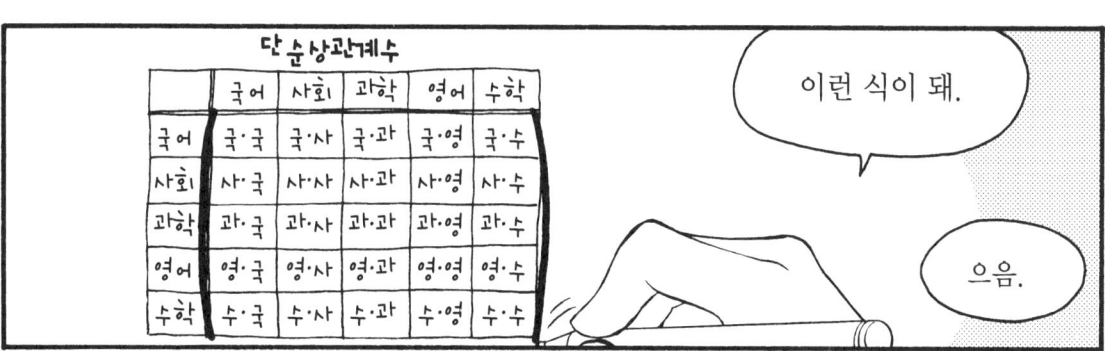

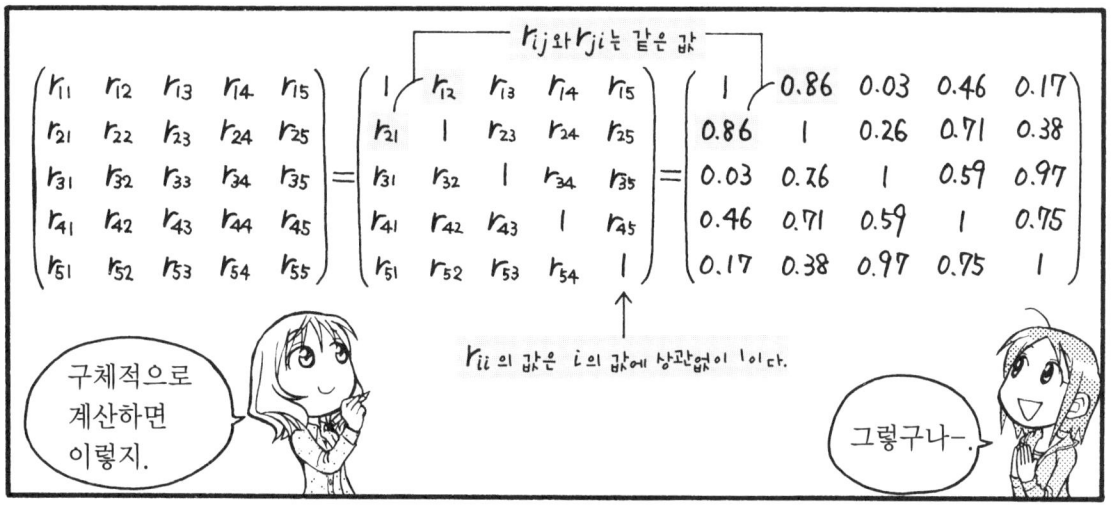

제3장 수학적 기초 75

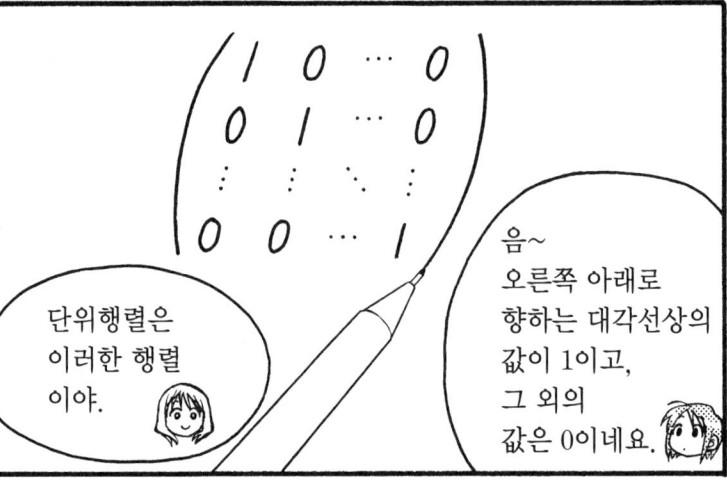

2. 단위행렬

다음은 「단위행렬」이야.

단위행렬은 이러한 행렬이야.

음~ 오른쪽 아래로 향하는 대각선상의 값이 1이고, 그 외의 값은 0이네요.

단위행렬은 어떠한 행렬에 곱해도 원래의 행렬에 아무런 영향을 끼치지 않아.

무슨 말이에요?

예를 들어 단위행렬에 $\begin{pmatrix} a_1 \\ a_2 \end{pmatrix}$를 곱하면…

이것 봐!

스윽

정말이네―.

즉, 숫자의 1과 같은 행렬이야!

$1 \times 7 = 7$

$I \times A = A$

아~아….

단위행렬의 다른 예도 있어.

2행 2열 1행 1열　　2행 1열
$$\begin{pmatrix} 1 & 0 \\ 0 & 1 \end{pmatrix} \begin{pmatrix} a_1 \\ a_2 \end{pmatrix} = \begin{pmatrix} 1 \times a_1 + 0 \times a_2 \\ 0 \times a_1 + 1 \times a_2 \end{pmatrix} = \begin{pmatrix} a_1 \\ a_2 \end{pmatrix}$$

　　p행 p열　　p행 1열　　　　　　p행 1열
$$\begin{pmatrix} 1 & 0 & \cdots & 0 \\ 0 & 1 & \cdots & 0 \\ \vdots & \vdots & & \vdots \\ 0 & 0 & \cdots & 1 \end{pmatrix} \begin{pmatrix} a_1 \\ a_2 \\ \vdots \\ a_p \end{pmatrix} = \begin{pmatrix} 1 \times a_1 + 0 \times a_2 + \cdots + 0 \times a_p \\ 0 \times a_1 + 1 \times a_2 + \cdots + 0 \times a_p \\ \vdots \\ 0 \times a_1 + 0 \times a_2 + \cdots + 1 \times a_p \end{pmatrix} = \begin{pmatrix} a_1 \\ a_2 \\ \vdots \\ a_p \end{pmatrix}$$

2행 2열　　2행 p열　　　　　　　　　　2행 p열
$$\begin{pmatrix} 1 & 0 \\ 0 & 1 \end{pmatrix} \begin{pmatrix} a_{11} & a_{12} & \cdots & a_{1p} \\ a_{21} & a_{22} & \cdots & a_{2p} \end{pmatrix} = \begin{pmatrix} 1 \times a_{11} + 0 \times a_{21} & 1 \times a_{12} + 0 \times a_{22} & \cdots & 1 \times a_{1p} + 0 \times a_{2p} \\ 0 \times a_{11} + 1 \times a_{21} & 0 \times a_{12} + 1 \times a_{22} & \cdots & 0 \times a_{1p} + 1 \times a_{2p} \end{pmatrix} = \begin{pmatrix} a_{11} & a_{12} & \cdots & a_{1p} \\ a_{21} & a_{22} & \cdots & a_{2p} \end{pmatrix}$$

　p행 2열　2행 2열　　　　p행 2열
$$\begin{pmatrix} a_{11} & a_{12} \\ a_{21} & a_{22} \\ \vdots & \vdots \\ a_{p1} & a_{p2} \end{pmatrix} \begin{pmatrix} 1 & 0 \\ 0 & 1 \end{pmatrix} = \begin{pmatrix} a_{11} \times 1 + a_{12} \times 0 & a_{11} \times 0 + a_{12} \times 1 \\ a_{21} \times 1 + a_{22} \times 0 & a_{21} \times 0 + a_{22} \times 1 \\ \vdots & \vdots \\ a_{p1} \times 1 + a_{p2} \times 0 & a_{p1} \times 0 + a_{p2} \times 1 \end{pmatrix} = \begin{pmatrix} a_{11} & a_{12} \\ a_{21} & a_{22} \\ \vdots & \vdots \\ a_{p1} & a_{p2} \end{pmatrix}$$

확실히,
단위행렬은 원래의 행렬에 어떠한 영향도 끼치지 않네!

3. 회전

다음은 좌표의 「회전」에 대해 얘기하자.

회전이요?

좌표가 (a_1, a_2)인 한 점을

원점을 중심으로 각도 θ만큼 회전시킨 점의 좌표를 (b_1, b_2)라고 하자.

이 (b_1, b_2)는 구체적으로 표기하면 $(a_1\cos\theta - a_2\sin\theta,\ a_1\sin\theta + a_2\cos\theta)$야.

흐음~

즉,
$\begin{cases} b_1 = a_1\cos\theta - a_2\sin\theta \\ b_2 = a_1\sin\theta + a_2\cos\theta \end{cases}$
라는 것이므로…

$\begin{pmatrix} b_1 \\ b_2 \end{pmatrix} = \begin{pmatrix} a_1\cos\theta - a_2\sin\theta \\ a_1\sin\theta + a_2\cos\theta \end{pmatrix} = \begin{pmatrix} \cos\theta & -\sin\theta \\ \sin\theta & \cos\theta \end{pmatrix}\begin{pmatrix} a_1 \\ a_2 \end{pmatrix}$

이렇게 쓸 수도 있지.

그렇네요.

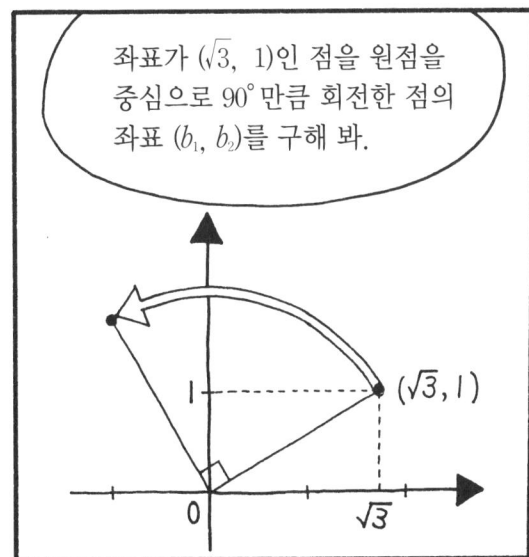

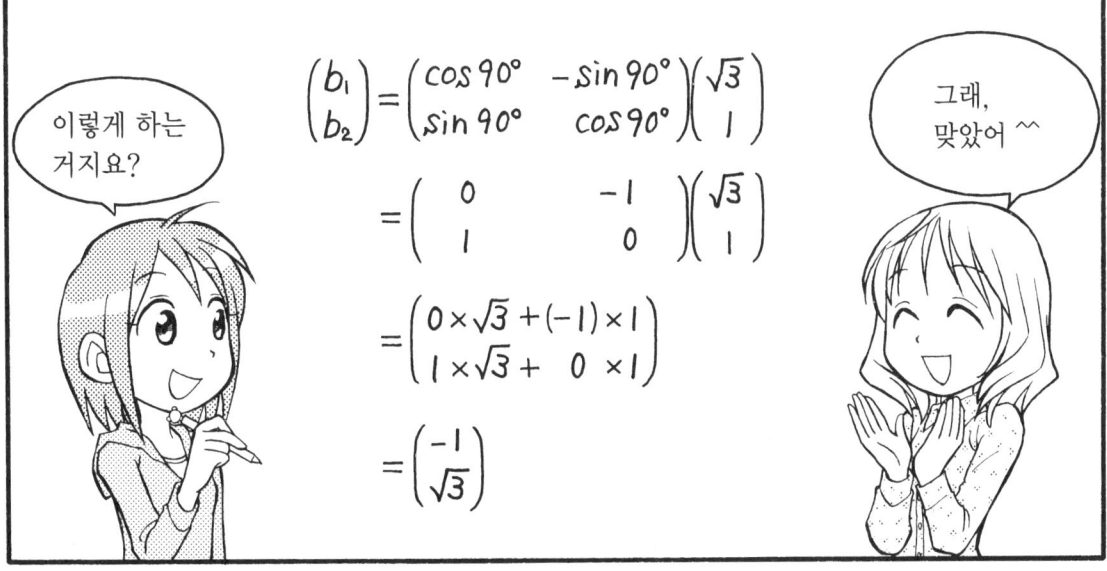

좌표가 (a_1, a_2)인 점을 원점을 중심으로 θ만큼 회전시킨 점의 좌표 (b_1, b_2)는 구체적으로 표기하면 $(a_1 \cos\theta - a_2 \sin\theta, a_1 \sin\theta + a_2 \cos\theta)$이었지. 그렇다면 좌표가 (b_1, b_2)인 점을 원점을 중심으로 $-\theta$만큼 회전시킨 점의 좌표는 어떠한 것인가 하면, 당연한 것이지만 (a_1, a_2)가 돼. 행렬로 쓰면

$$\begin{pmatrix} \cos(-\theta) & -\sin(-\theta) \\ \sin(-\theta) & \cos(-\theta) \end{pmatrix} \begin{pmatrix} b_1 \\ b_2 \end{pmatrix} = \begin{pmatrix} a_1 \\ a_2 \end{pmatrix}$$ 야.

$\begin{pmatrix} \cos(-\theta) & -\sin(-\theta) \\ \sin(-\theta) & \cos(-\theta) \end{pmatrix} \begin{pmatrix} b_1 \\ b_2 \end{pmatrix} = \begin{pmatrix} a_1 \\ a_2 \end{pmatrix}$ 에서 좌변과 우변 사이의 계산 과정을 자세히 쓰면 다음과 같이 된다.

$$\begin{pmatrix} \cos(-\theta) & -\sin(-\theta) \\ \sin(-\theta) & \cos(-\theta) \end{pmatrix} \begin{pmatrix} b_1 \\ b_2 \end{pmatrix} = \begin{pmatrix} \cos(-\theta) & -\sin(-\theta) \\ \sin(-\theta) & \cos(-\theta) \end{pmatrix} \begin{pmatrix} a_1 \cos\theta - a_2 \sin\theta \\ a_1 \sin\theta + a_2 \cos\theta \end{pmatrix} = \begin{pmatrix} \cos(-\theta) & -\sin(-\theta) \\ \sin(-\theta) & \cos(-\theta) \end{pmatrix} \begin{pmatrix} \cos\theta & -\sin\theta \\ \sin\theta & \cos\theta \end{pmatrix} \begin{pmatrix} a_1 \\ a_2 \end{pmatrix} = \begin{pmatrix} a_1 \\ a_2 \end{pmatrix}$$

좌표 (b_1, b_2)를 구체적으로 표기했다.

78쪽의 설명을 잘 보자.

위의 식을 잘 봐.
$$\begin{pmatrix} \cos(-\theta) & -\sin(-\theta) \\ \sin(-\theta) & \cos(-\theta) \end{pmatrix} \begin{pmatrix} \cos\theta & -\sin\theta \\ \sin\theta & \cos\theta \end{pmatrix} = \begin{pmatrix} 1 & 0 \\ 0 & 1 \end{pmatrix}$$
이 성립하지 않으면, 말이 안 맞는다는 걸 알겠니?
즉, 아래 두 개의 그림은 같다는 거야.

세로축과 가로축의 좌표를 $+\theta$만큼 회전시킨다.

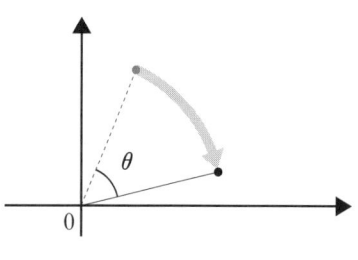

좌표 (b_1, b_2)를 각도 $-\theta$만큼 회전시킨다.

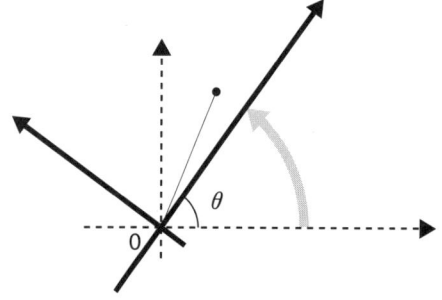

예를 풀어 보자. 계산과정까지 설명하면 너무 길어 힘드니까 결과만 보자.

예1

- $\begin{pmatrix} -10 & 6 \\ -18 & 11 \end{pmatrix} \begin{pmatrix} 1 \\ 2 \end{pmatrix} = \begin{pmatrix} -10 \times 1 + 6 \times 2 \\ -18 \times 1 + 11 \times 2 \end{pmatrix} = \begin{pmatrix} 2 \\ 4 \end{pmatrix} = 2 \begin{pmatrix} 1 \\ 2 \end{pmatrix}$

- $\begin{pmatrix} -10 & 6 \\ -18 & 11 \end{pmatrix} \begin{pmatrix} 2 \\ 3 \end{pmatrix} = \begin{pmatrix} -10 \times 2 + 6 \times 3 \\ -18 \times 2 + 11 \times 3 \end{pmatrix} = \begin{pmatrix} -2 \\ -3 \end{pmatrix} = -\begin{pmatrix} 2 \\ 3 \end{pmatrix}$

이다. 따라서 2와 -1은 $\begin{pmatrix} -10 & 6 \\ -18 & 11 \end{pmatrix}$의 고유값이어서, 2에 대응하는 고유벡터는 $\begin{pmatrix} 1 \\ 2 \end{pmatrix}$, -1에 대응하는 고유벡터는 $\begin{pmatrix} 2 \\ 3 \end{pmatrix}$이다.

예2

흠…

- $\begin{pmatrix} 2 & 0 & 0 \\ 0 & 4 & 0 \\ 0 & 0 & 6 \end{pmatrix} \begin{pmatrix} 1 \\ 0 \\ 0 \end{pmatrix} = \begin{pmatrix} 2 \times 1 + 0 \times 0 + 0 \times 0 \\ 0 \times 1 + 4 \times 0 + 0 \times 0 \\ 0 \times 1 + 0 \times 0 + 6 \times 0 \end{pmatrix} = \begin{pmatrix} 2 \\ 0 \\ 0 \end{pmatrix} = 2 \begin{pmatrix} 1 \\ 0 \\ 0 \end{pmatrix}$

- $\begin{pmatrix} 2 & 0 & 0 \\ 0 & 4 & 0 \\ 0 & 0 & 6 \end{pmatrix} \begin{pmatrix} 0 \\ 1 \\ 0 \end{pmatrix} = \begin{pmatrix} 2 \times 0 + 0 \times 1 + 0 \times 0 \\ 0 \times 0 + 4 \times 1 + 0 \times 0 \\ 0 \times 0 + 0 \times 1 + 6 \times 0 \end{pmatrix} = \begin{pmatrix} 0 \\ 4 \\ 0 \end{pmatrix} = 4 \begin{pmatrix} 0 \\ 1 \\ 0 \end{pmatrix}$

- $\begin{pmatrix} 2 & 0 & 0 \\ 0 & 4 & 0 \\ 0 & 0 & 6 \end{pmatrix} \begin{pmatrix} 0 \\ 0 \\ 1 \end{pmatrix} = \begin{pmatrix} 2 \times 0 + 0 \times 0 + 0 \times 1 \\ 0 \times 0 + 4 \times 0 + 0 \times 1 \\ 0 \times 0 + 0 \times 0 + 6 \times 1 \end{pmatrix} = \begin{pmatrix} 0 \\ 0 \\ 6 \end{pmatrix} = 6 \begin{pmatrix} 0 \\ 0 \\ 1 \end{pmatrix}$

따라서 2, 4, 6은 $\begin{pmatrix} 2 & 0 & 0 \\ 0 & 4 & 0 \\ 0 & 0 & 6 \end{pmatrix}$의 고유값이어서, 2에 대응하는 고유벡터는 $\begin{pmatrix} 1 \\ 0 \\ 0 \end{pmatrix}$, 4에 대응하는 고유벡터는 $\begin{pmatrix} 0 \\ 1 \\ 0 \end{pmatrix}$, 6에 대응하는 고유벡터는 $\begin{pmatrix} 0 \\ 0 \\ 1 \end{pmatrix}$이다.

p행 p열 행렬의 고유값과 고유벡터는 원칙적으로 p쌍이 구해지지.

제3장 수학적 기초

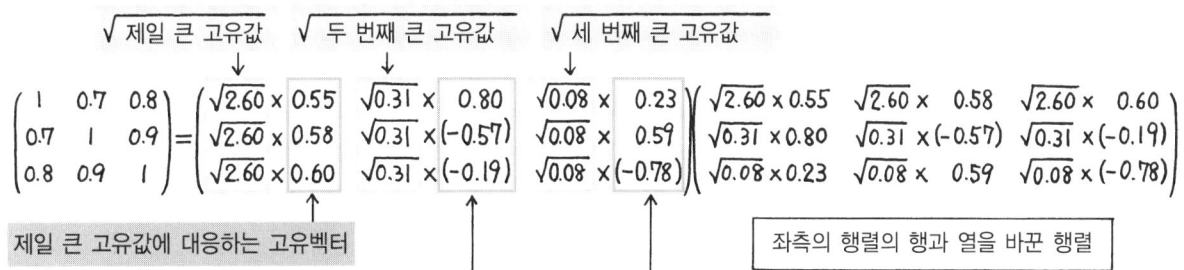

제일 큰 고유값에 대응하는 고유벡터

두 번째 큰 고유값에 대응하는 고유벡터

세 번째 큰 고유값에 대응하는 고유벡터

좌측의 행렬의 행과 열을 바꾼 행렬

이런 식으로 바꿔 쓸 수 있어.

우와~ 왠지 대단하다…

여기서, 이 예처럼 세 번째 큰 고유값이 0에 가까운 경우는…

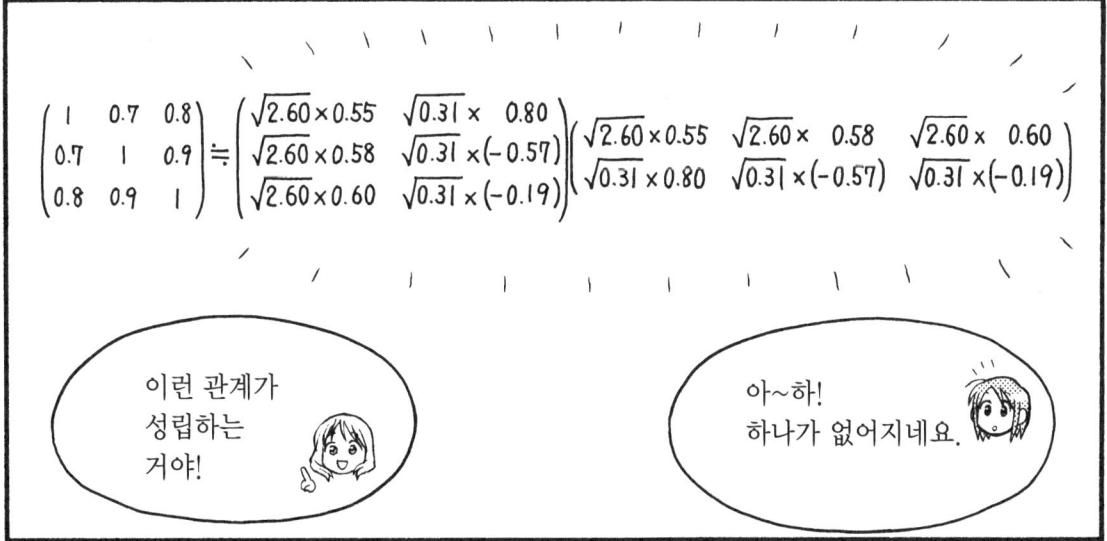

이런 관계가 성립하는 거야!

아~하! 하나가 없어지네요.

제3장 수학적 기초 **85**

제3장 수학적 기초

6. 행렬의 보충

6.1 행렬 표기의 규칙

예를 들면 $\begin{cases} x_1+2x_2=-1 \\ 3x_1+4x_2=5 \end{cases}$ 는 $\begin{pmatrix} 1 & 2 \\ 3 & 4 \end{pmatrix}\begin{pmatrix} x_1 \\ x_2 \end{pmatrix}=\begin{pmatrix} -1 \\ 5 \end{pmatrix}$ 로 표기하고, $\begin{cases} x_1+2x_2 \\ 3x_1+4x_2 \end{cases}$ 는 $\begin{pmatrix} 1 & 2 \\ 3 & 4 \end{pmatrix}\begin{pmatrix} x_1 \\ x_2 \end{pmatrix}$ 로 표기한다.

> **정리**
>
> - $\begin{cases} a_{11}x_1+a_{12}x_2+\cdots+a_{1q}x_q=b_1 \\ a_{21}x_1+a_{22}x_2+\cdots+a_{2q}x_q=b_2 \\ \cdots\cdots\cdots\cdots\cdots\cdots\cdots\cdots\cdots \\ a_{p1}x_1+a_{p2}x_2+\cdots+a_{pq}x_q=b_p \end{cases}$ 는 $\begin{pmatrix} a_{11} & a_{12} & \cdots & a_{1q} \\ a_{21} & a_{22} & \cdots & a_{2q} \\ \vdots & \vdots & \ddots & \vdots \\ a_{p1} & a_{p2} & \cdots & a_{pq} \end{pmatrix}\begin{pmatrix} x_1 \\ x_2 \\ \vdots \\ x_q \end{pmatrix}=\begin{pmatrix} b_1 \\ b_2 \\ \vdots \\ b_p \end{pmatrix}$ 와 같이 표기한다.
>
> - $\begin{cases} a_{11}x_1+a_{12}x_2+\cdots+a_{1q}x_q \\ a_{21}x_1+a_{22}x_2+\cdots+a_{2q}x_q \\ \cdots\cdots\cdots\cdots\cdots\cdots\cdots\cdots \\ a_{p1}x_1+a_{p2}x_2+\cdots+a_{pq}x_q \end{cases}$ 는 $\begin{pmatrix} a_{11} & a_{12} & \cdots & a_{1q} \\ a_{21} & a_{22} & \cdots & a_{2q} \\ \vdots & \vdots & \ddots & \vdots \\ a_{p1} & a_{p2} & \cdots & a_{pq} \end{pmatrix}\begin{pmatrix} x_1 \\ x_2 \\ \vdots \\ x_q \end{pmatrix}$ 와 같이 표기한다.

6.2 행렬의 덧셈

예를 들어, $\begin{pmatrix} 1 & 2 \\ 3 & 4 \end{pmatrix}$와 $\begin{pmatrix} 4 & 5 \\ -2 & 4 \end{pmatrix}$의 덧셈이다.

$$\begin{pmatrix} 1 & 2 \\ 3 & 4 \end{pmatrix} + \begin{pmatrix} 4 & 5 \\ -2 & 4 \end{pmatrix}$$

는 $\begin{pmatrix} 1+4 & 2+5 \\ 3+(-2) & 4+4 \end{pmatrix}$와 같은 식으로 계산한다.

> **정리**
>
> $\begin{pmatrix} a_{11} & a_{12} & \cdots & a_{1q} \\ a_{21} & a_{22} & \cdots & a_{2q} \\ \vdots & \vdots & \ddots & \vdots \\ a_{p1} & a_{p2} & \cdots & a_{pq} \end{pmatrix}$와 $\begin{pmatrix} b_{11} & b_{12} & \cdots & b_{1q} \\ b_{21} & b_{22} & \cdots & b_{2q} \\ \vdots & \vdots & \ddots & \vdots \\ b_{p1} & b_{p2} & \cdots & b_{pq} \end{pmatrix}$의 덧셈이다.
>
> $$\begin{pmatrix} a_{11} & a_{12} & & a_{1q} \\ a_{21} & a_{22} & & a_{2q} \\ \vdots & \vdots & & \vdots \\ a_{p1} & a_{p2} & & a_{pq} \end{pmatrix} + \begin{pmatrix} b_{11} & b_{12} & \cdots & b_{1q} \\ b_{21} & b_{22} & \cdots & b_{2q} \\ \vdots & \vdots & \ddots & \vdots \\ b_{p1} & b_{p2} & \cdots & b_{pq} \end{pmatrix}$$
>
> 란 $\begin{pmatrix} a_{11}+b_{11} & a_{12}+b_{12} & \cdots & a_{1q}+b_{1q} \\ a_{21}+b_{21} & a_{22}+b_{22} & \cdots & a_{2q}+b_{2q} \\ \vdots & \vdots & \ddots & \vdots \\ a_{p1}+b_{p1} & a_{p2}+b_{p2} & \cdots & a_{pq}+b_{pq} \end{pmatrix}$와 같은 것이다.

6.3 행렬의 곱셈

예를 들어 $\begin{pmatrix} 1 & 2 \\ 3 & 4 \end{pmatrix}$와 $\begin{pmatrix} x_1 & y_1 \\ x_2 & y_2 \end{pmatrix}$의 곱셈

$$\begin{pmatrix} 1 & 2 \\ 3 & 4 \end{pmatrix}\begin{pmatrix} x_1 & y_1 \\ x_2 & y_2 \end{pmatrix}$$

는 「곱셈」이라기보다는, 간단히 $\begin{pmatrix} 1 & 2 \\ 3 & 4 \end{pmatrix}\begin{pmatrix} x_1 \\ x_2 \end{pmatrix}$와 $\begin{pmatrix} 1 & 2 \\ 3 & 4 \end{pmatrix}\begin{pmatrix} y_1 \\ y_2 \end{pmatrix}$를, 즉 $\begin{cases} x_1+2x_2 \\ 3x_1+4x_2 \end{cases}$와 $\begin{cases} y_1+2y_2 \\ 3y_1+4y_2 \end{cases}$를 동시에 표기했을 뿐이다.

예

$$\begin{pmatrix} 1 & 2 & 3 \\ 4 & 5 & 6 \\ 7 & 8 & 9 \\ 10 & 11 & 12 \\ 13 & 14 & 15 \end{pmatrix} \begin{pmatrix} k_1 & l_1 & m_1 & n_1 \\ k_2 & l_2 & m_2 & n_2 \\ k_3 & l_3 & m_3 & n_3 \end{pmatrix} \text{는}$$

$$\begin{pmatrix} 1 & 2 & 3 \\ 4 & 5 & 6 \\ 7 & 8 & 9 \\ 10 & 11 & 12 \\ 13 & 14 & 15 \end{pmatrix} \begin{pmatrix} k_1 \\ k_2 \\ k_3 \end{pmatrix} = \begin{pmatrix} k_1 + 2k_2 + 3k_3 \\ 4k_1 + 5k_2 + 6k_3 \\ 7k_1 + 8k_2 + 9k_3 \\ 10k_1 + 11k_2 + 12k_3 \\ 13k_1 + 14k_2 + 15k_3 \end{pmatrix}$$

$$\begin{pmatrix} 1 & 2 & 3 \\ 4 & 5 & 6 \\ 7 & 8 & 9 \\ 10 & 11 & 12 \\ 13 & 14 & 15 \end{pmatrix} \begin{pmatrix} l_1 \\ l_2 \\ l_3 \end{pmatrix} = \begin{pmatrix} l_1 + 2l_2 + 3l_3 \\ 4l_1 + 5l_2 + 6l_3 \\ 7l_1 + 8l_2 + 9l_3 \\ 10l_1 + 11l_2 + 12l_3 \\ 13l_1 + 14l_2 + 15l_3 \end{pmatrix}$$

$$\begin{pmatrix} 1 & 2 & 3 \\ 4 & 5 & 6 \\ 7 & 8 & 9 \\ 10 & 11 & 12 \\ 13 & 14 & 15 \end{pmatrix} \begin{pmatrix} m_1 \\ m_2 \\ m_3 \end{pmatrix} = \begin{pmatrix} m_1 + 2m_2 + 3m_3 \\ 4m_1 + 5m_2 + 6m_3 \\ 7m_1 + 8m_2 + 9m_3 \\ 10m_1 + 11m_2 + 12m_3 \\ 13m_1 + 14m_2 + 15m_3 \end{pmatrix}$$

$$\begin{pmatrix} 1 & 2 & 3 \\ 4 & 5 & 6 \\ 7 & 8 & 9 \\ 10 & 11 & 12 \\ 13 & 14 & 15 \end{pmatrix} \begin{pmatrix} n_1 \\ n_2 \\ n_3 \end{pmatrix} = \begin{pmatrix} n_1 + 2n_2 + 3n_3 \\ 4n_1 + 5n_2 + 6n_3 \\ 7n_1 + 8n_2 + 9n_3 \\ 10n_1 + 11n_2 + 12n_3 \\ 13n_1 + 14n_2 + 15n_3 \end{pmatrix}$$

이므로

$$\begin{pmatrix} k_1 + 2k_2 + 3k_3 & l_1 + 2l_2 + 3l_3 & m_1 + 2m_2 + 3m_3 & n_1 + 2n_2 + 3n_3 \\ 4k_1 + 5k_2 + 6k_3 & 4l_1 + 5l_2 + 6l_3 & 4m_1 + 5m_2 + 6m_3 & 4n_1 + 5n_2 + 6n_3 \\ 7k_1 + 8k_2 + 9k_3 & 7l_1 + 8l_2 + 9l_3 & 7m_1 + 8m_2 + 9m_3 & 7n_1 + 8n_2 + 9n_3 \\ 10k_1 + 11k_2 + 12k_3 & 10l_1 + 11l_2 + 12l_3 & 10m_1 + 11m_2 + 12m_3 & 10n_1 + 11n_2 + 12n_3 \\ 13k_1 + 14k_2 + 15k_3 & 13l_1 + 14l_2 + 15l_3 & 13m_1 + 14m_2 + 15m_3 & 13n_1 + 14n_2 + 15n_3 \end{pmatrix}$$

이다.

> **정리**
>
> $$\begin{pmatrix} a_{11} & a_{12} & \cdots & a_{1q} \\ a_{21} & a_{22} & \cdots & a_{2q} \\ \vdots & \vdots & \ddots & \vdots \\ a_{p1} & a_{p2} & \cdots & a_{pq} \end{pmatrix} \text{와} \begin{pmatrix} x_{11} & x_{12} & \cdots & x_{1r} \\ x_{21} & x_{22} & \cdots & x_{2r} \\ \vdots & \vdots & \ddots & \vdots \\ x_{q1} & x_{q2} & \cdots & x_{qr} \end{pmatrix} \text{의 곱셈이다.}$$
>
> $$\begin{pmatrix} a_{11} & a_{12} & \cdots & a_{1q} \\ a_{21} & a_{22} & \cdots & a_{2q} \\ \vdots & \vdots & \ddots & \vdots \\ a_{p1} & a_{p2} & \cdots & a_{pq} \end{pmatrix} \begin{pmatrix} x_{11} & x_{12} & \cdots & x_{1r} \\ x_{21} & x_{22} & \cdots & x_{2r} \\ \vdots & \vdots & \ddots & \vdots \\ x_{q1} & x_{q2} & \cdots & x_{qr} \end{pmatrix}$$
>
> 란, 「곱셈」이라고 하기보다는
>
> 간단히 $\begin{pmatrix} a_{11} & a_{12} & \cdots & a_{1q} \\ a_{21} & a_{22} & \cdots & a_{2q} \\ \vdots & \vdots & \ddots & \vdots \\ a_{p1} & a_{p2} & \cdots & a_{pq} \end{pmatrix}\begin{pmatrix} x_{11} \\ x_{21} \\ \vdots \\ x_{q1} \end{pmatrix}$ 과 $\begin{pmatrix} a_{11} & a_{12} & \cdots & a_{1q} \\ a_{21} & a_{22} & \cdots & a_{2q} \\ \vdots & \vdots & \ddots & \vdots \\ a_{p1} & a_{p2} & \cdots & a_{pq} \end{pmatrix}\begin{pmatrix} x_{12} \\ x_{22} \\ \vdots \\ x_{q2} \end{pmatrix}$ 와 …와
>
> $\begin{pmatrix} a_{11} & a_{12} & \cdots & a_{1q} \\ a_{21} & a_{22} & \cdots & a_{2q} \\ \vdots & \vdots & \ddots & \vdots \\ a_{p1} & a_{p2} & \cdots & a_{pq} \end{pmatrix}\begin{pmatrix} x_{1r} \\ x_{2r} \\ \vdots \\ x_{qr} \end{pmatrix}$ 를,
>
> 즉 $\begin{cases} a_{11}x_{11}+a_{12}x_{21}+\cdots+a_{1q}x_{q1} \\ a_{21}x_{11}+a_{22}x_{21}+\cdots+a_{2q}x_{q1} \\ \cdots\cdots\cdots\cdots\cdots\cdots\cdots\cdots \\ a_{p1}x_{11}+a_{p2}x_{21}+\cdots+a_{pq}x_{q1} \end{cases}$ 과 $\begin{cases} a_{11}x_{12}+a_{12}x_{22}+\cdots+a_{1q}x_{q2} \\ a_{21}x_{12}+a_{22}x_{22}+\cdots+a_{2q}x_{q2} \\ \cdots\cdots\cdots\cdots\cdots\cdots\cdots\cdots \\ a_{p1}x_{12}+a_{p2}x_{22}+\cdots+a_{pq}x_{q2} \end{cases}$ 와 …와
>
> $\begin{cases} a_{11}x_{1r}+a_{12}x_{2r}+\cdots+a_{1q}x_{qr} \\ a_{21}x_{1r}+a_{22}x_{2r}+\cdots+a_{2q}x_{qr} \\ \cdots\cdots\cdots\cdots\cdots\cdots\cdots\cdots \\ a_{p1}x_{1r}+a_{p2}x_{2r}+\cdots+a_{pq}x_{qr} \end{cases}$ 를
>
> 동시에 표기한 것일 뿐이다.

6.4 역행렬

예를 들어 $\begin{pmatrix} 1 & 2 \\ 3 & 4 \end{pmatrix}$의 역행렬이란, $\begin{pmatrix} 1 & 2 \\ 3 & 4 \end{pmatrix}$와 곱하면 $\begin{pmatrix} 1 & 0 \\ 0 & 1 \end{pmatrix}$이 되는 2행 2열의 행렬을 말한다.

$\begin{pmatrix} 1 & 2 \\ 3 & 4 \end{pmatrix}$의 역행렬은, 일반적으로 $\begin{pmatrix} 1 & 2 \\ 3 & 4 \end{pmatrix}^{-1}$과 같이 표기한다.

예

$$\begin{pmatrix} 1 & 2 \\ 3 & 4 \end{pmatrix}\begin{pmatrix} -2 & 1 \\ 1.5 & -0.5 \end{pmatrix} = \begin{pmatrix} 1\times(-2)+2\times1.5 & 1\times1+2\times(-0.5) \\ 3\times(-2)+4\times1.5 & 3\times1+4\times(-0.5) \end{pmatrix} = \begin{pmatrix} 1 & 0 \\ 0 & 1 \end{pmatrix}$$이다

따라서 $\begin{pmatrix} -2 & 1 \\ 1.5 & -0.5 \end{pmatrix} = \begin{pmatrix} 1 & 2 \\ 3 & 4 \end{pmatrix}^{-1}$이다.

정리

$\begin{pmatrix} a_{11} & a_{12} & \cdots & a_{1p} \\ a_{21} & a_{22} & \cdots & a_{2p} \\ \vdots & \vdots & \ddots & \vdots \\ a_{p1} & a_{p2} & \cdots & a_{pp} \end{pmatrix}$의 역행렬인 $\begin{pmatrix} a_{11} & a_{12} & \cdots & a_{1p} \\ a_{21} & a_{22} & \cdots & a_{2p} \\ \vdots & \vdots & \ddots & \vdots \\ a_{p1} & a_{p2} & \cdots & a_{pp} \end{pmatrix}^{-1}$이란,

$\begin{pmatrix} a_{11} & a_{12} & \cdots & a_{1p} \\ a_{21} & a_{22} & \cdots & a_{2p} \\ \vdots & \vdots & \ddots & \vdots \\ a_{p1} & a_{p2} & \cdots & a_{pp} \end{pmatrix}$와 곱하면 $\begin{pmatrix} 1 & 0 & \cdots & 0 \\ 0 & 1 & \cdots & 0 \\ \vdots & \vdots & \ddots & \vdots \\ 0 & 0 & \cdots & 1 \end{pmatrix}$이

되는 p행 p열의 행렬을 말한다.

6.5 전치행렬

예를 들어 $\begin{pmatrix} 1 & 2 \\ 3 & 4 \end{pmatrix}$의 전치행렬이란, $\begin{pmatrix} 1 & 3 \\ 2 & 4 \end{pmatrix}$라는 행렬을 말한다. 즉, $\begin{pmatrix} 1 & 2 \\ 3 & 4 \end{pmatrix}$의 행과 열을 바꾼 행렬을 말한다.

$\begin{pmatrix} 1 & 2 \\ 3 & 4 \end{pmatrix}$의 전치행렬은 일반적으로 $^t\begin{pmatrix} 1 & 2 \\ 3 & 4 \end{pmatrix}$나 $\begin{pmatrix} 1 & 2 \\ 3 & 4 \end{pmatrix}^t$나 $\begin{pmatrix} 1 & 2 \\ 3 & 4 \end{pmatrix}'$ 등으로 표기된다. 보통 $\begin{pmatrix} 1 & 2 \\ 3 & 4 \end{pmatrix}'$를 많이 사용한다.

예

$\begin{pmatrix} 1 & 2 & 3 \\ 4 & 5 & 6 \\ 7 & 8 & 9 \\ 10 & 11 & 12 \\ 13 & 14 & 15 \end{pmatrix}$의 전치행렬인 $\begin{pmatrix} 1 & 2 & 3 \\ 4 & 5 & 6 \\ 7 & 8 & 9 \\ 10 & 11 & 12 \\ 13 & 14 & 15 \end{pmatrix}'$ 은 $\begin{pmatrix} 1 & 4 & 7 & 10 & 13 \\ 2 & 5 & 8 & 11 & 14 \\ 3 & 6 & 9 & 12 & 15 \end{pmatrix}$ 이다.

$(-3 \ \ 0 \ \ 8 \ \ -7)$ 의 전치행렬인 $(-3 \ \ 0 \ \ 8 \ \ -7)'$ 은 $\begin{pmatrix} -3 \\ 0 \\ 8 \\ -7 \end{pmatrix}$ 이다.

정리

$\begin{pmatrix} a_{11} & a_{12} & \cdots & a_{1q} \\ a_{21} & a_{22} & \cdots & a_{2q} \\ \vdots & \vdots & \ddots & \vdots \\ a_{p1} & a_{p2} & \cdots & a_{pq} \end{pmatrix}$의 전치행렬인 $\begin{pmatrix} a_{11} & a_{12} & \cdots & a_{1q} \\ a_{21} & a_{22} & \cdots & a_{2q} \\ \vdots & \vdots & \ddots & \vdots \\ a_{p1} & a_{p2} & \cdots & a_{pq} \end{pmatrix}'$ 이란,

$\begin{pmatrix} a_{11} & a_{12} & \cdots & a_{1q} \\ a_{21} & a_{22} & \cdots & a_{2q} \\ \vdots & \vdots & \ddots & \vdots \\ a_{p1} & a_{p2} & \cdots & a_{pq} \end{pmatrix}$의 행과 열을 바꾼 $\begin{pmatrix} a_{11} & a_{21} & \cdots & a_{p1} \\ a_{12} & a_{22} & \cdots & a_{p2} \\ \vdots & \vdots & \ddots & \vdots \\ a_{1q} & a_{2q} & \cdots & a_{pq} \end{pmatrix}$ 와 같은 행렬을 말한다.

7. 편차제곱의 합 · 분산 · 표준편차

미우와 한나는 아르바이트 동료들과 함께 노래방에 갔다. 5명씩 2팀으로 나눠 시합을 했는데, 그 결과를 기록한 것이 아래의 표이다.

◆ 표 3.1 노래방 대결 결과

미우 팀	(점수)	한나 팀	(점수)
미우	48	한나	67
명희	32	별이	55
새미	88	미림	61
소희	61	선희	63
송이	71	경숙	54
평균	60	평균	60

위의 표를 그림으로 나타내면 아래와 같다.

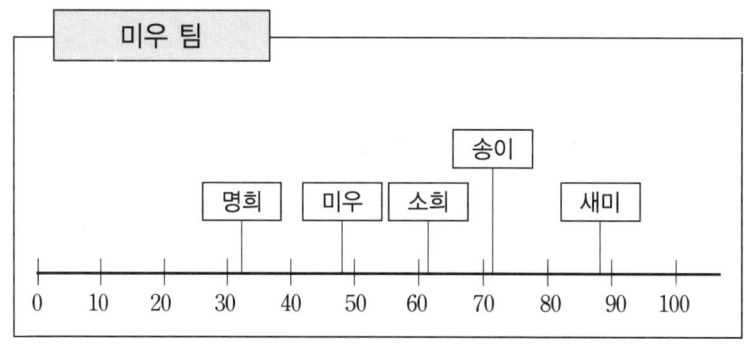

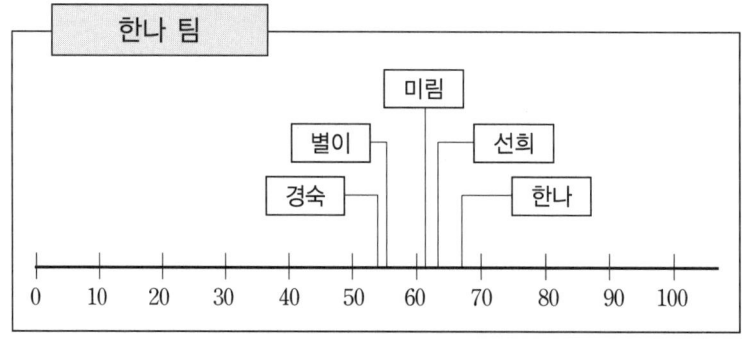

◆ 그림 3.1 노래방 대결의 결과

미우 팀도 한나 팀도 평균은 모두 60점이다.

그러나 분위기는 매우 다르다. 미우 팀쪽이 각자 점수 차이가 좀 난다고 해야 되나, 데이터의 「흩어져 있는 정도」가 크다.

데이터의 「흩어져 있는 정도」를 나타내는 지표로서, **편차제곱의 합 · 분산 · 표준편차**라는 것이 존재한다. 즉,

- 최소값은 0이다.
- 데이터의 「흩어져 있는 정도」가 클수록 큰 값이 된다.

라는 특징이 있다.

편차제곱의 합은 회귀분석을 비롯한 여러 분석방법의 계산과정에서 종종 등장하며,

$$(각각의 데이터 - 평균)^2 을 만족하는 것$$

이라는 계산으로 구할 수 있다. 데이터의 개수가 많을수록 값이 커진다는 결점이 있기 때문에, 「흩어져 있는 정도」를 나타내는 지표로는 별로 이용되지 않는다.

분산은 편차제곱의 합의 결점이 해결된 것으로,

$$\frac{편차제곱의 합}{데이터의 개수}$$

과 같이 계산한다.[1]

표준편차는 본질적으로는 분산과 같은 것으로

$$\sqrt{분산}$$

과 같이 계산한다.

미우 팀과 한나 팀의 편차제곱의 합, 분산, 표준편차를 구해 보자.

◆표 3.2 미우 팀과 한나 팀의 편차제곱의 합 · 분산 · 표준편차

	미우 팀	한나 팀
편차제곱의 합	$(48-60)^2+(32-60)^2+(88-60)^2+(61-60)^2+(71-60)^2$ $=(-12)^2+(-28)^2+28^2+1^2+11^2$ $=1834$	$(67-60)^2+(55-60)^2+(61-60)^2+(63-60)^2+(54-60)^2$ $=7^2+(-5)^2+1^2+3^2+(-6)^2$ $=120$
분산	$\frac{1834}{5}=366.8$	$\frac{120}{5}=24$
표준편차	$\sqrt{366.8}=19.2$	$\sqrt{24}=4.9$

---

[1] 분산에는 분모를 「데이터의 개수」가 아닌 「데이터의 개수 -1」로 하는 불편분산이라는 종류도 존재한다. 설명이 길어지기 때문에, 이 두 종류의 분산의 차이를 본서에서 설명하지는 않는다. 또한, 본서의 이 이후에 등장하는 분산은 기본적으로 불편분산을 의미하는 것이고, 표준편차는 $\sqrt{불편분산}$을 의미한다.

제 4 장

주성분분석

1. 주성분분석이란?
2. 주성분분석의 주의점
3. 주성분분석의 구체적인 예
4. 변수의 선택과 제1주성분
5. 제1주성분과 종합 점수
6. 누적기여율의 대체적인 기준
7. 제2주성분 이후의 주성분
8. 분산과 고유값

1. 주성분분석이란?

자, 예정을 변경해서 오늘은 주성분분석을 공부하자!

네, 잘 부탁드립니다!^^

주성분분석에 제약을 두면 「주성분분석 = 인자분석」이 되는 거야.

그렇게 비슷한 거구나―.

그렇지만, 반대로 제약을 두지 않으면 「주성분분석 ≠ 인자분석」이 되어 버리지.

주성분분석이란…

「종합 점수 TOP의 선출」을 위한 분석방법이야.

그렇게 되네요~ 근데 어떤 분석이에요?

엥-? 무슨 말이에요?

제4장 주성분분석 **101**

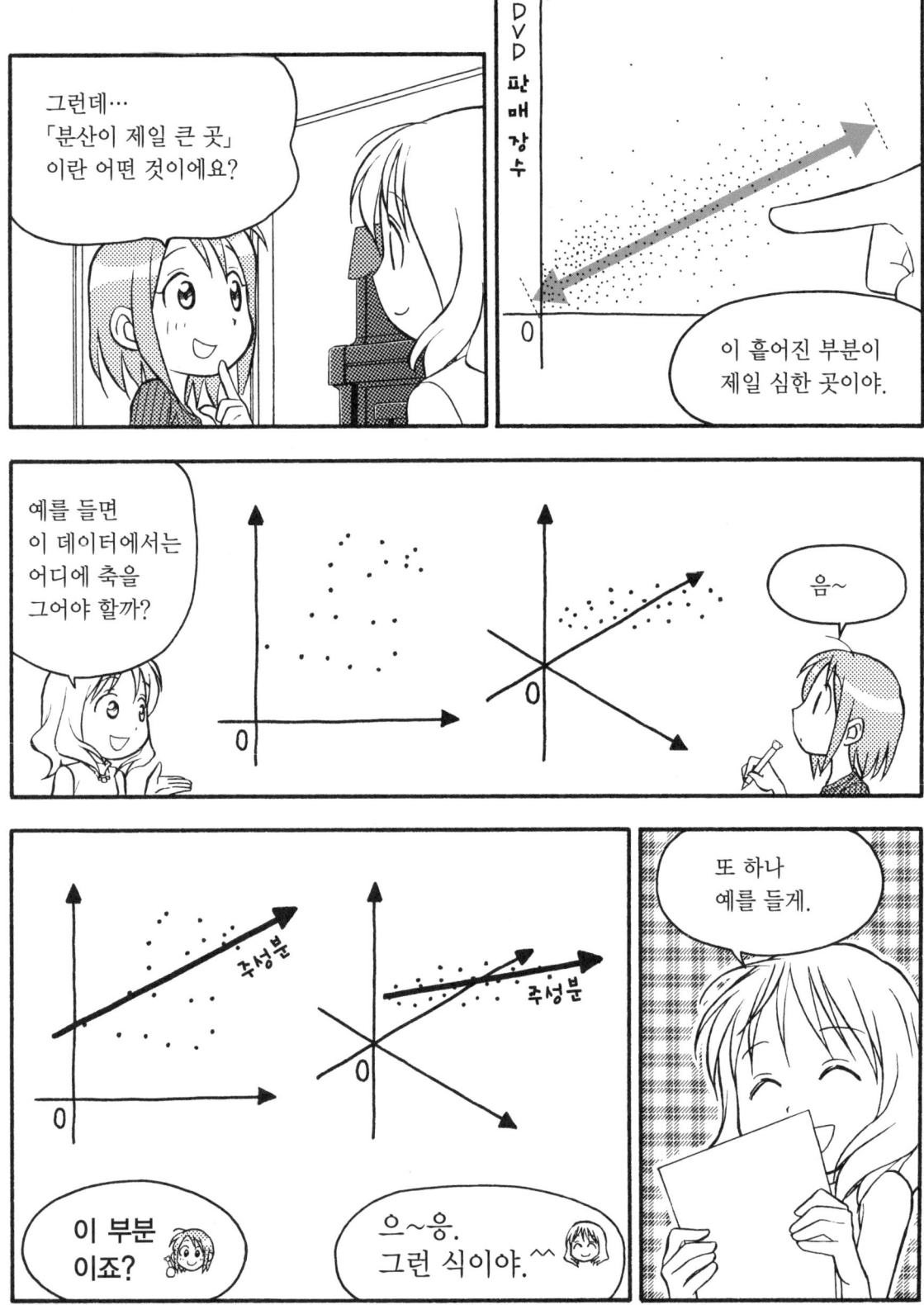

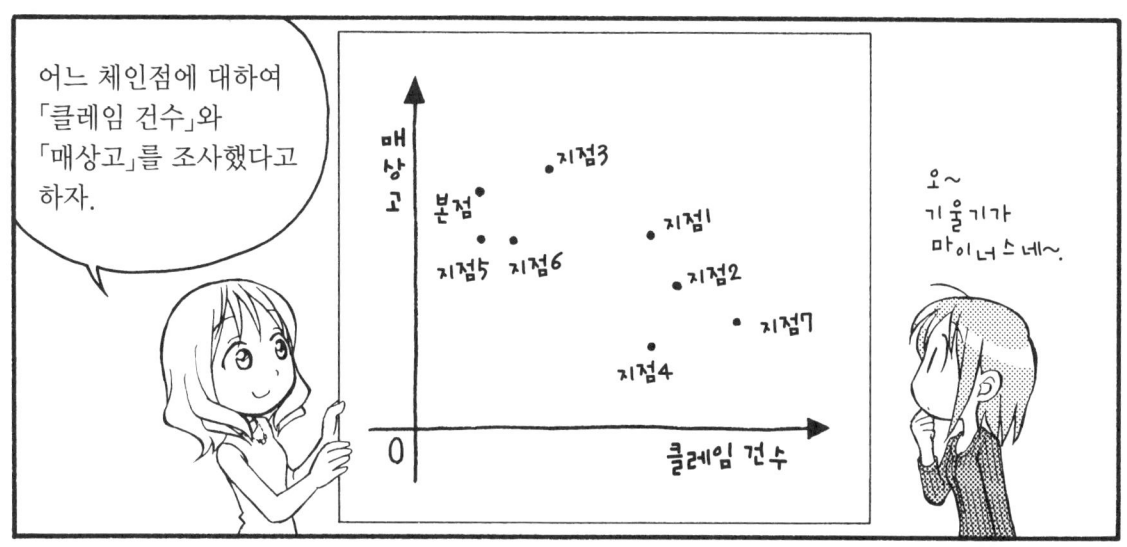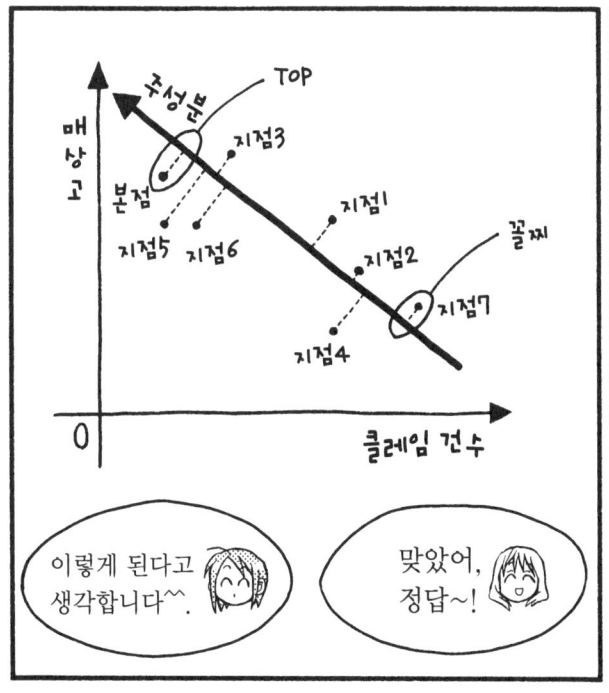

주성분분석의 계산방법에는 분석대상의 데이터를 표준화하지 않고 하는 것과 표준화하여 하는 것의 두 종류가 있어.

표준화 하지 않은 분석

	관객 수 (만 명)	DVD 판매 장수 (만 장)
영화1	980	90
⋮	⋮	⋮
영화742	770	110
평균	660	90
표준편차	120	17

표준화 한 분석

	「관객 수」의 표준점수 u_1	「DVD 판매 장수」의 표준점수 u_2
영화1	2.7	0
⋮	⋮	⋮
영화742	0.9	1.2
평균	0	0
표준편차	1	1

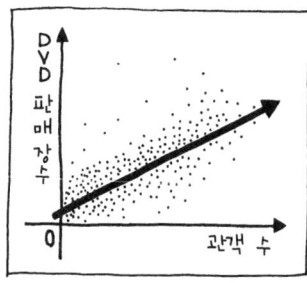

원점을 지나며 45°를 이루는 축이 되는구나

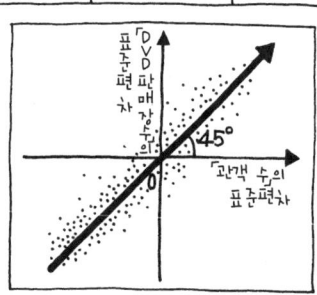

「관객 수」와 「DVD 판매 장수」에서 다른 단위를 쓰기 때문일까요?

알고있지요^^

응!

표준화해서 분석하는 방법을 택하는 사람들이 많나봐ー.

그래서 오늘은 그쪽을 설명할게.

네ー.

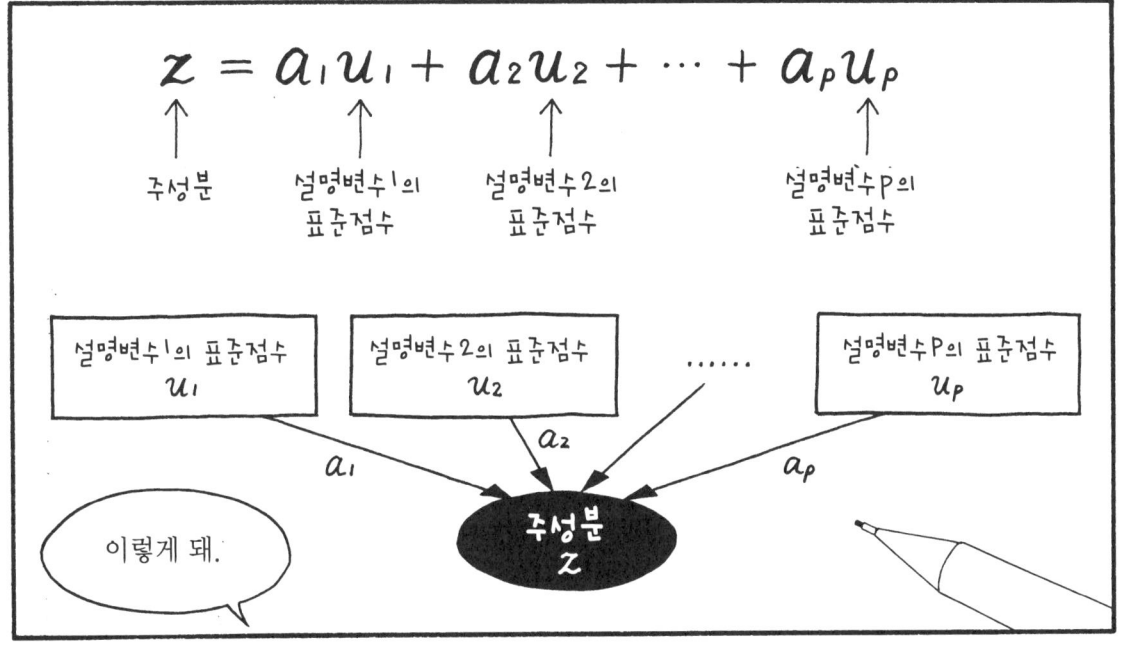

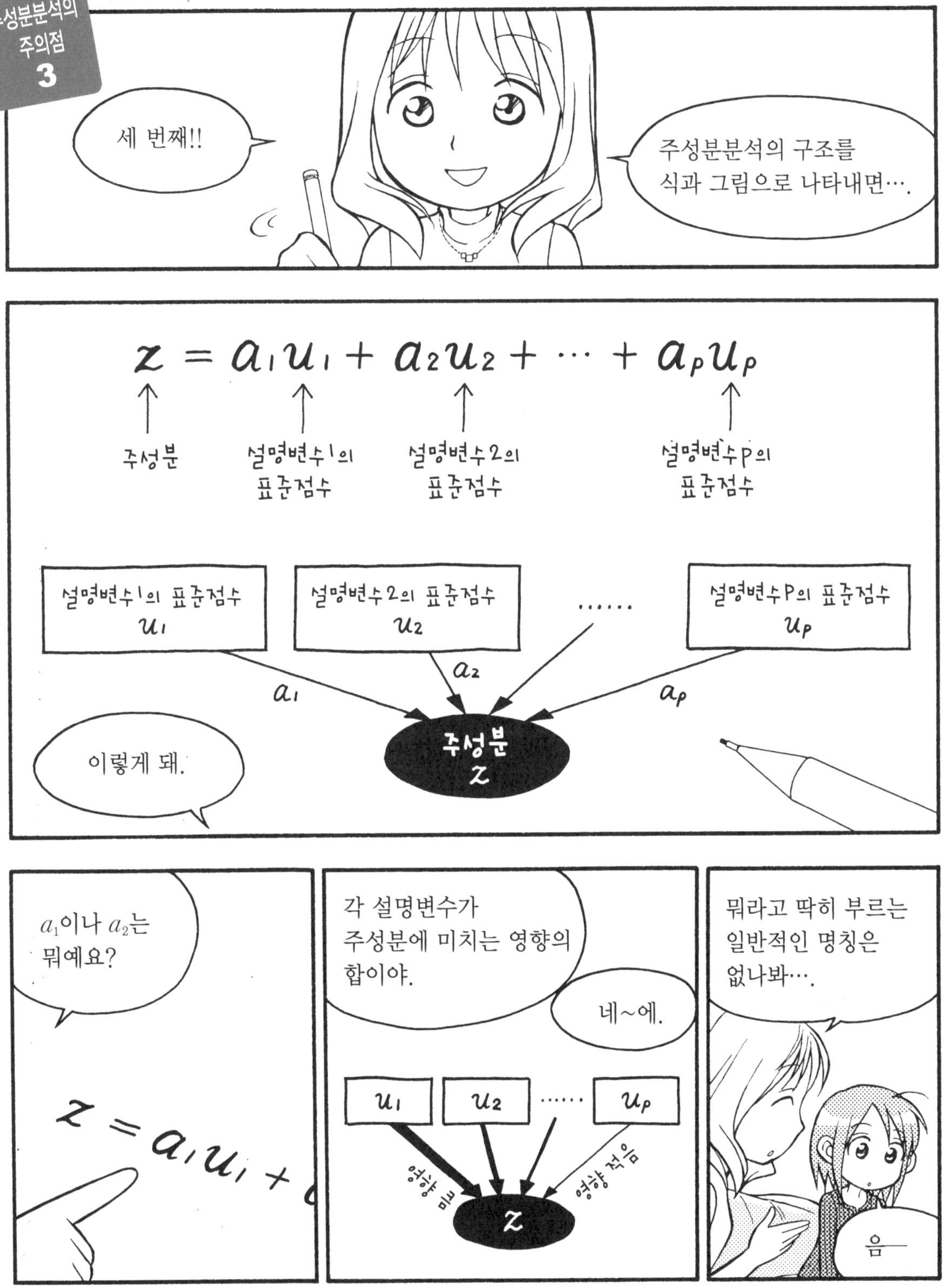

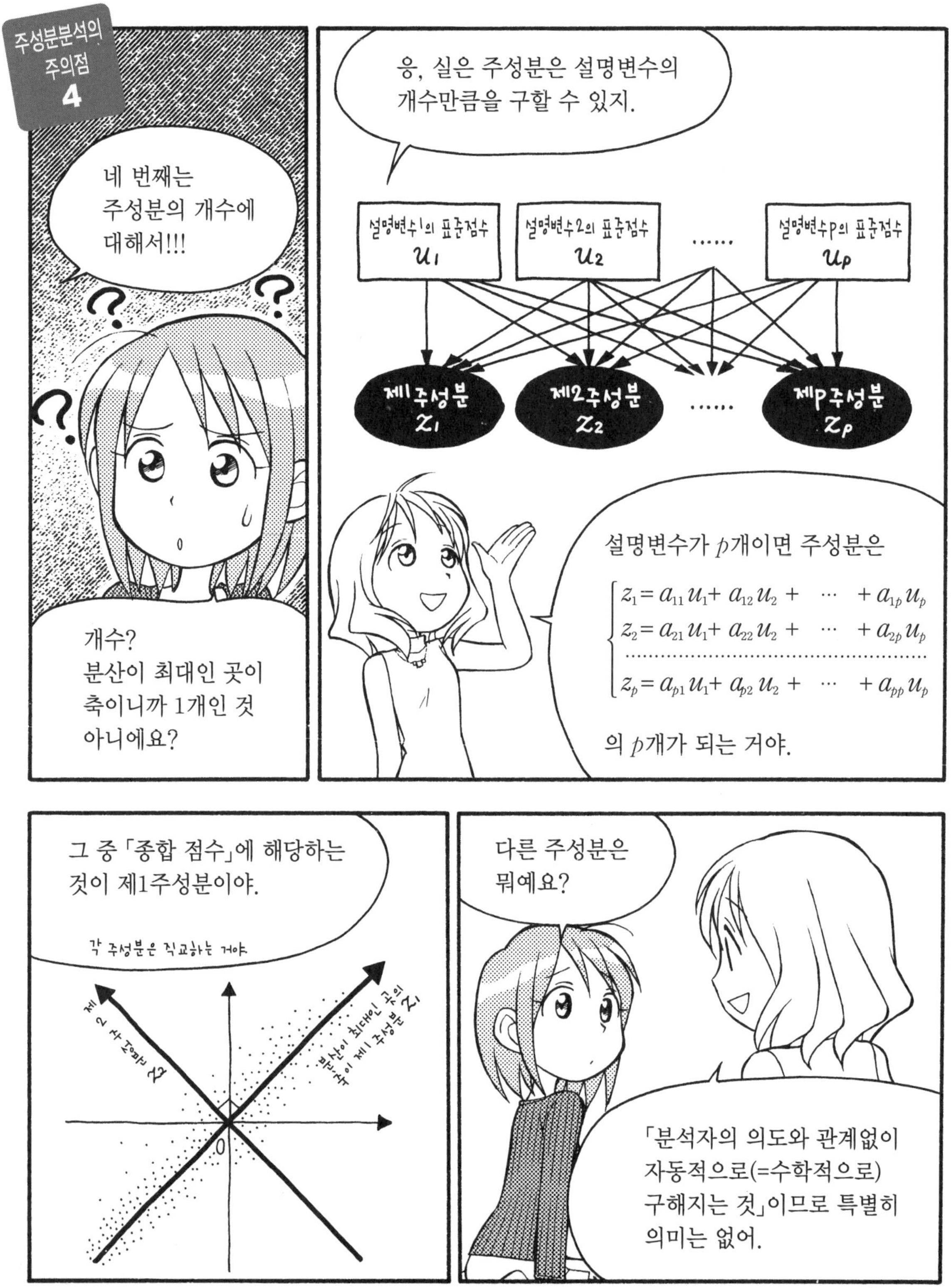

제4장 주성분분석

3. 주성분분석의 구체적인 예

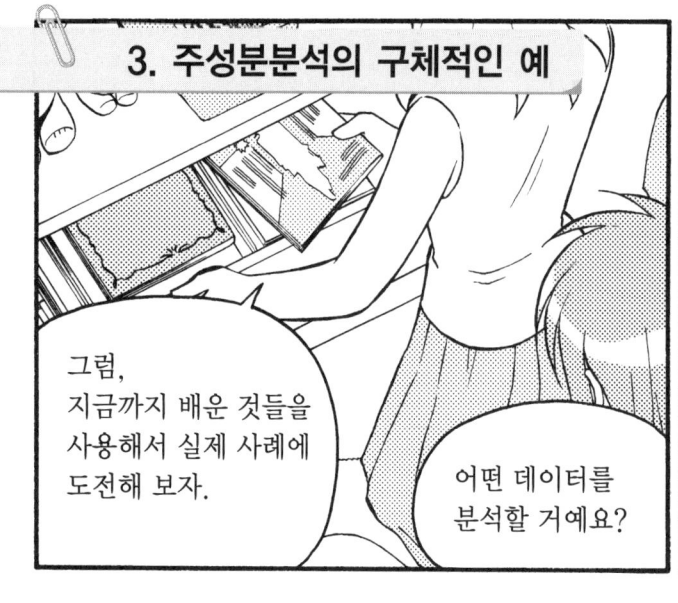

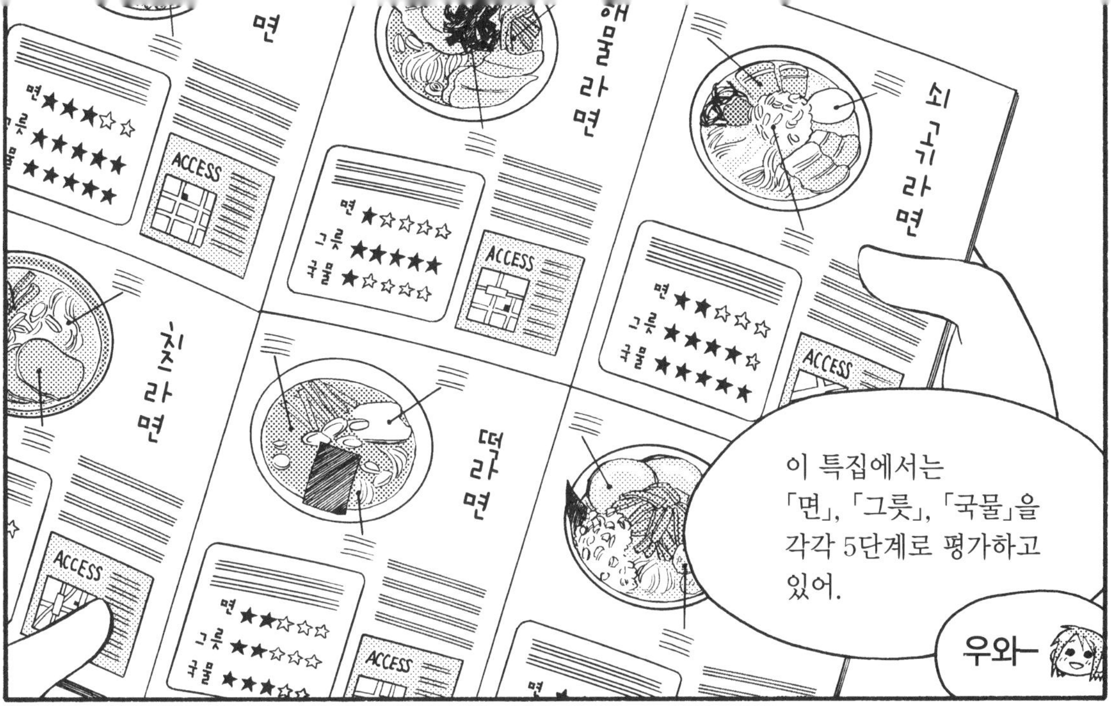

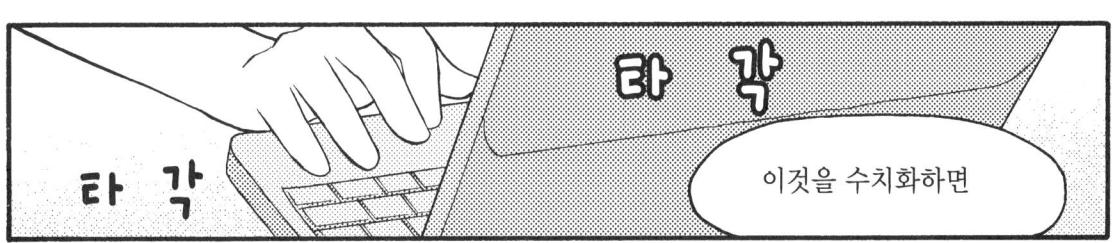
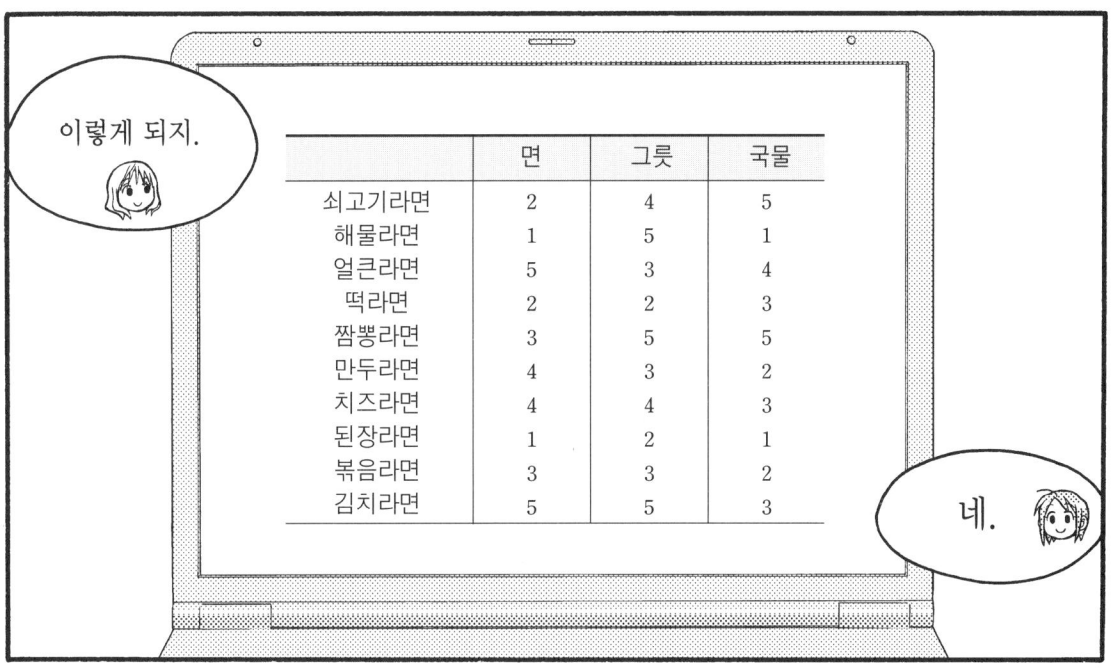

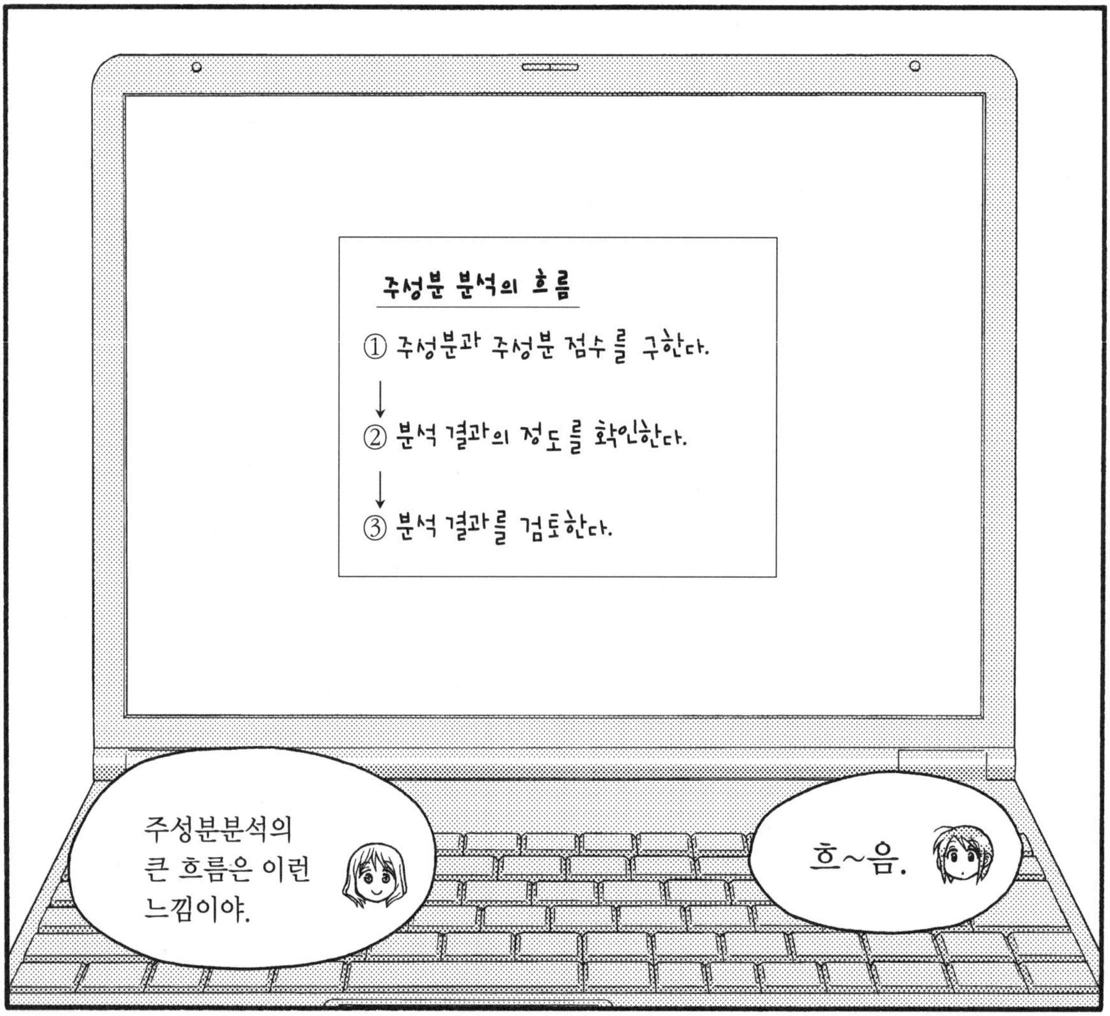

① 주성분과 주성분 점수를 구한다

주성분과 주성분 점수는 step 1에서 step 7까지의 계산으로 구할 수 있어.
수학적인 어려운 얘기를 해야 하므로 상세하게는 못 쓰지만, 계산 과정에서 「Lagrange의 미정계수법」이라는 것이 사용되었어. 이름만이라도 기억해 둬.

Step 1 변수마다 표준화한다.

	면	그릇	국물
쇠고기라면	2	4	5
해물라면	1	5	1
얼큰라면	5	3	4
떡라면	2	2	3
짬뽕라면	3	5	5
만두라면	4	3	2
치즈라면	4	4	3
된장라면	1	2	1
볶음라면	3	3	2
김치라면	5	5	3
평균	3.0	3.6	2.9
표준편차	1.5	1.2	1.4

	「면」의 표준점수 u_1	「그릇」의 표준점수 u_2	「국물」의 표준점수 u_3
쇠고기라면	−0.7	0.3	1.4
해물라면	−1.3	1.2	−1.3
얼큰라면	1.3	−0.5	0.8
떡라면	0.7	−1.4	0.1
짬뽕라면	0.0	1.2	1.4
만두라면	0.7	−0.5	−0.6
치즈라면	0.7	0.3	0.1
된장라면	−1.3	−1.4	−1.3
볶음라면	0.0	−0.5	−0.6
김치라면	1.3	1.2	0.1
	0	0	0
	1	1	1

$$\sqrt{\frac{(2-3.0)^2+\cdots+(5-3.0)^2}{10-1}}=1.5$$

$$\frac{3-2.9}{1.4}=0.1$$

주성분분석에서 표준화로 이용되는 표준편차의 분모는 일반적으로 「데이터의 개수−1」이야.

Step 2 상관행렬을 구한다.

	면	그릇	국물
면	1	0.19	0.36
그릇	0.19	1	0.30
국물	0.36	0.30	1

Step 3 $\begin{pmatrix} 1 & 0.19 & 0.36 \\ 0.19 & 1 & 0.30 \\ 0.36 & 0.30 & 1 \end{pmatrix} \begin{pmatrix} a_1 \\ a_2 \\ a_3 \end{pmatrix} = \lambda \begin{pmatrix} a_1 \\ a_2 \\ a_3 \end{pmatrix}$ 를 만족하는 고유값 λ와 벡터 $\begin{pmatrix} a_1 \\ a_2 \\ a_3 \end{pmatrix}$ 를 구한다.

고유벡터는 $a_1^2 + a_2^2 + a_3^2 = 1$이 성립되도록 한다.

데이터 분석용 소프트웨어로 다음을 구한다.

고유값 λ	고유 벡터 $\begin{pmatrix} a_1 \\ a_2 \\ a_3 \end{pmatrix}$
1.6	$\begin{pmatrix} 0.57 \\ 0.52 \\ 0.63 \end{pmatrix}$
0.8	$\begin{pmatrix} -0.60 \\ 0.79 \\ -0.11 \end{pmatrix}$
0.6	$\begin{pmatrix} -0.55 \\ -0.32 \\ 0.77 \end{pmatrix}$

Step 3에서
- 가장 큰 고유값에 대응하는 고유벡터
- 최대에서 두 번째 큰 고유값에 대응하는 고유벡터를 토대로 점 그래프를 그린다.

	좌표
면	$(0.57, -0.60)$
그릇	$(0.52, 0.79)$
국물	$(0.63, -0.11)$

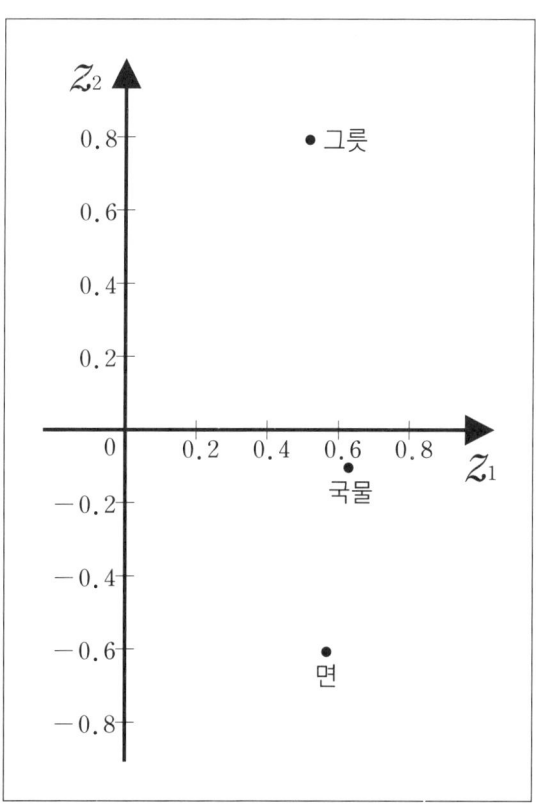

Step 5 Step 4처럼, 제1주성분과 제2주성분이 다음과 같이 되는 것을 머릿속에서 확인한다

$$z_1 = 0.57u_1 + 0.52u_2 + 0.63u_3$$
$$z_2 = -0.60u_1 + 0.79u_2 - 0.11u_3$$

↑ 「면」의 표준점수　　↑ 「그릇」의 표준점수　　↑ 「국물」의 표준점수

최대의 고유값에 대응하는 고유벡터가 제1주성분의 계수야. 동시에, p 번째 큰 고유값에 대응하는 고유벡터가 제 p 주성분의 계수란다.

Step 6 각 개체의 제1주성분에 대한 좌표와 제2주성분에 대한 좌표를, 즉 각 개체의 제1주성분 점수와 제2주성분 점수를 구한다.

	「면」의 표준점수 u_1	「그릇」의 표준점수 u_2	「국물」의 표준점수 u_3	제1주성분 z_1	제2주성분 z_2
쇠고기라면	−0.7	0.3	1.4	0.7	0.5
해물라면	−1.3	1.2	−1.3	−1.0	1.9
얼큰라면	1.3	−0.5	0.8	1.0	−1.3
떡라면	−0.7	−1.4	0.1	−1.1	−0.7
짬뽕라면	0.0	1.2	1.4	1.5	0.8
만두라면	0.7	−0.5	−0.6	−0.3	−0.7
치즈라면	0.7	0.3	0.1	0.6	−0.1
된장라면	−1.3	−1.4	−1.3	−2.3	−0.1
볶음라면	0.0	−0.5	−0.6	−0.7	−0.3
김치라면	1.3	0.2	0.1	1.4	0.1
평균	0	0	0	0	0
표준편차	1	1	1	$\sqrt{1.6}$	$\sqrt{0.8}$

$0.57 \times 1.3 + 0.52 \times 1.2 + 0.63 \times 0.1 = 1.4$

↑ $\sqrt{\text{고유값}}$

Step 7 Step 6에서 제1주성분 점수와 제2주성분 점수를 토대로 점 그래프를 그린다.

	좌표
쇠고기라면	(0.7, 0.5)
해물라면	(−1.0, 1.9)
얼큰라면	(1.0, −1.3)
떡라면	(−1.1, −0.7)
짬뽕라면	(1.5, 0.8)
만두라면	(−0.3, −0.7)
치즈라면	(0.6, −0.1)
된장라면	(−2.3, −0.1)
볶음라면	(−0.7, −0.3)
김치라면	(1.4, 0.1)

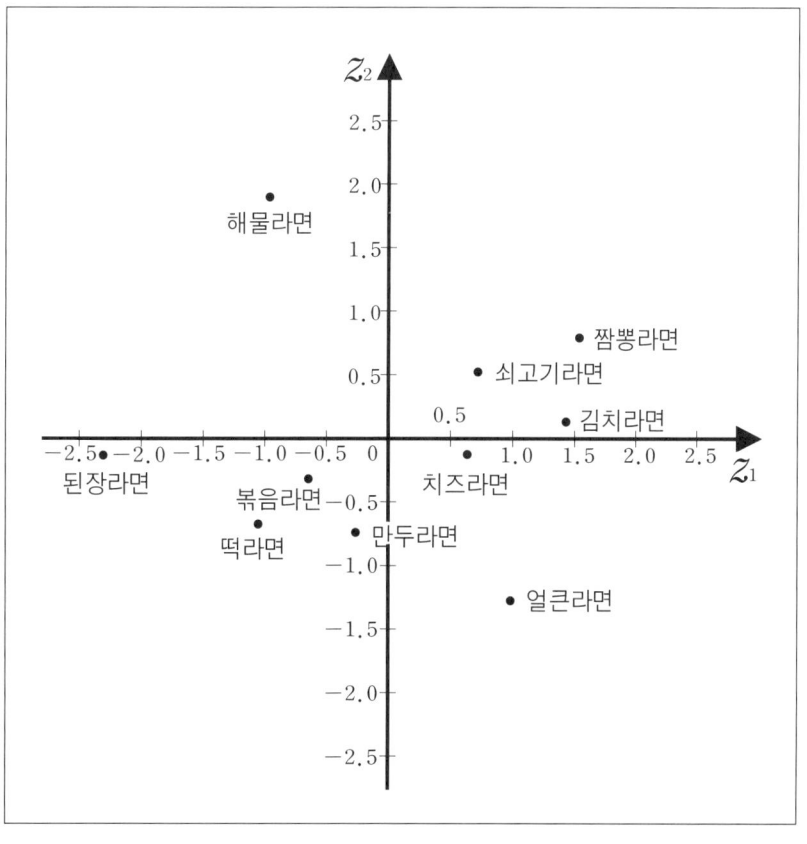

② 분석 결과의 정도를 확인한다.

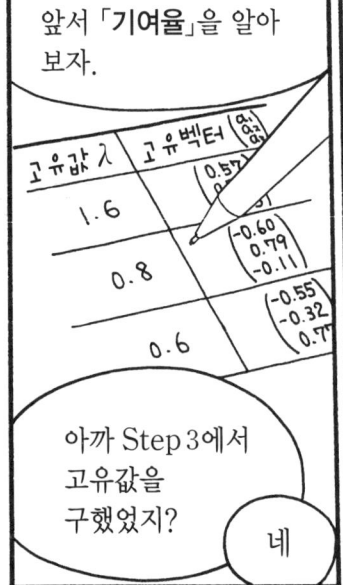

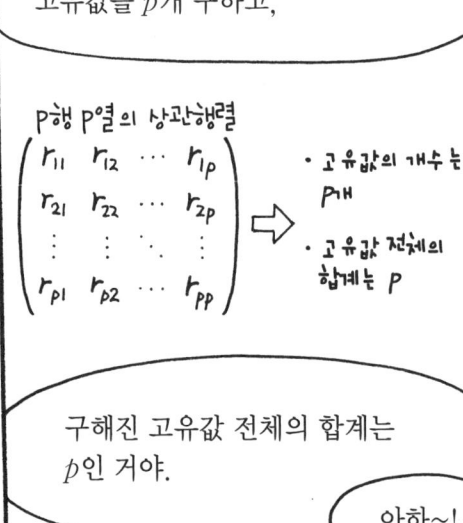

「제i주성분의 기여율」은 이런 거야.

헤에!

$$ 제\,i\,주성분의\ 기여율 = \frac{\lambda_i}{변수의\ 개수} \times 100 $$

그래서, 누적기여율은 기여율을 제1주성분에서 순서대로 더한 것이지.

그렇구나-!

	고유값 λ	기여율	누적기여율
제1 주성분	1.6	$\frac{1.6}{3} \times 100 = 53.33\,(\%)$	$\frac{1.6}{3} \times 100 = 53.33\,(\%)$
제2 주성분	0.8	$\frac{0.8}{3} \times 100 = 26.67\,(\%)$	$\frac{1.6}{3} \times 100 + \frac{0.8}{3} \times 100 = 80.00\,(\%)$
제3 주성분	0.6	$\frac{0.6}{3} \times 100 = 20.00\,(\%)$	$\frac{1.6}{3} \times 100 + \frac{0.8}{3} \times 100 + \frac{0.6}{3} \times 100 = 100\,(\%)$

「제i주성분의 기여율」은 「분석대상의 데이터가 가지고 있던 정보가 그 주성분에 어느 정도 집약되어 있는지」의 대략적인 크기가 되는 거지.

클수록 더욱 모여 있다는 거네요?

그래서-

제4장 주성분분석

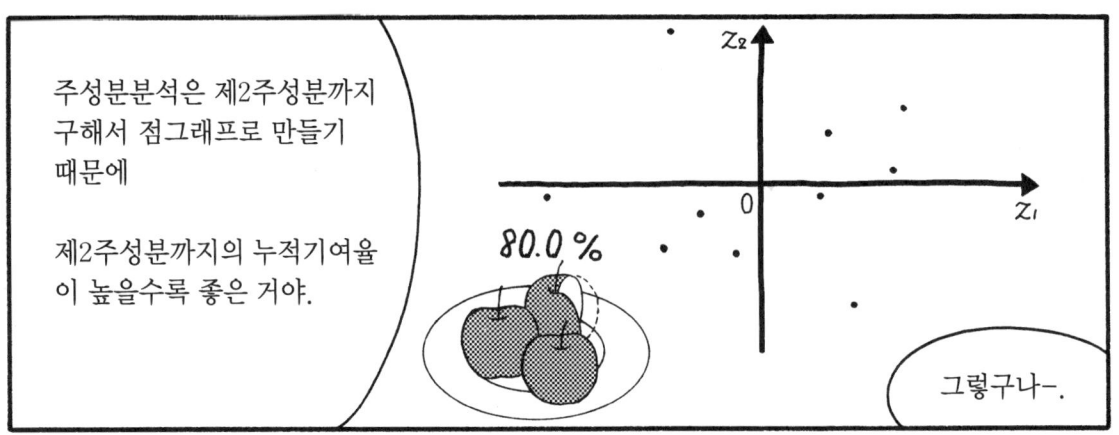

③ 분석 결과를 검토한다.

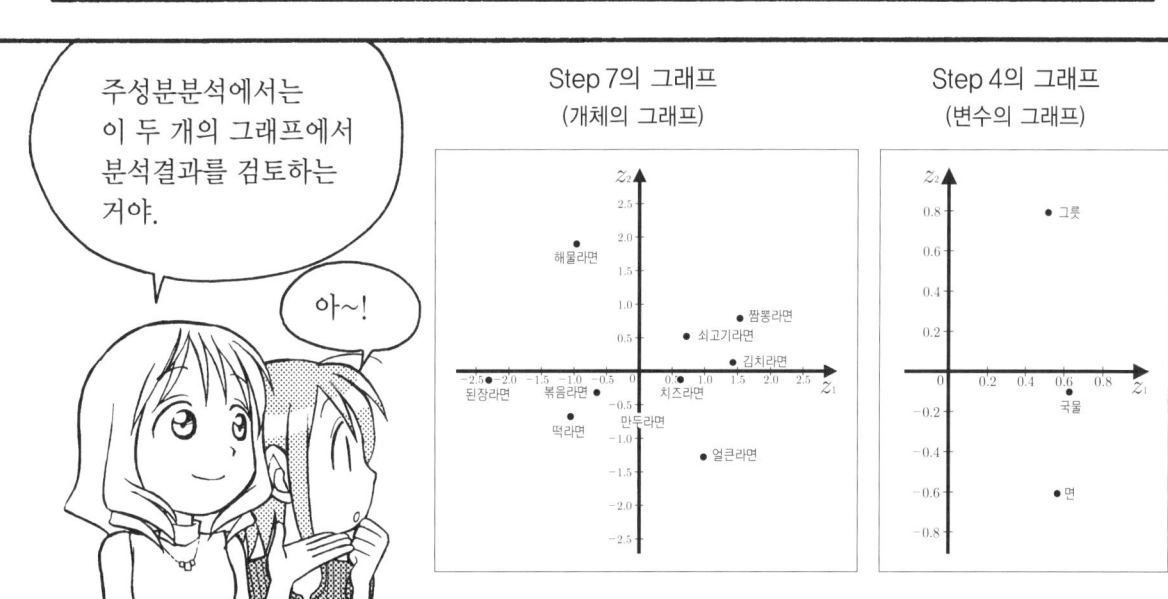

제4장 주성분분석

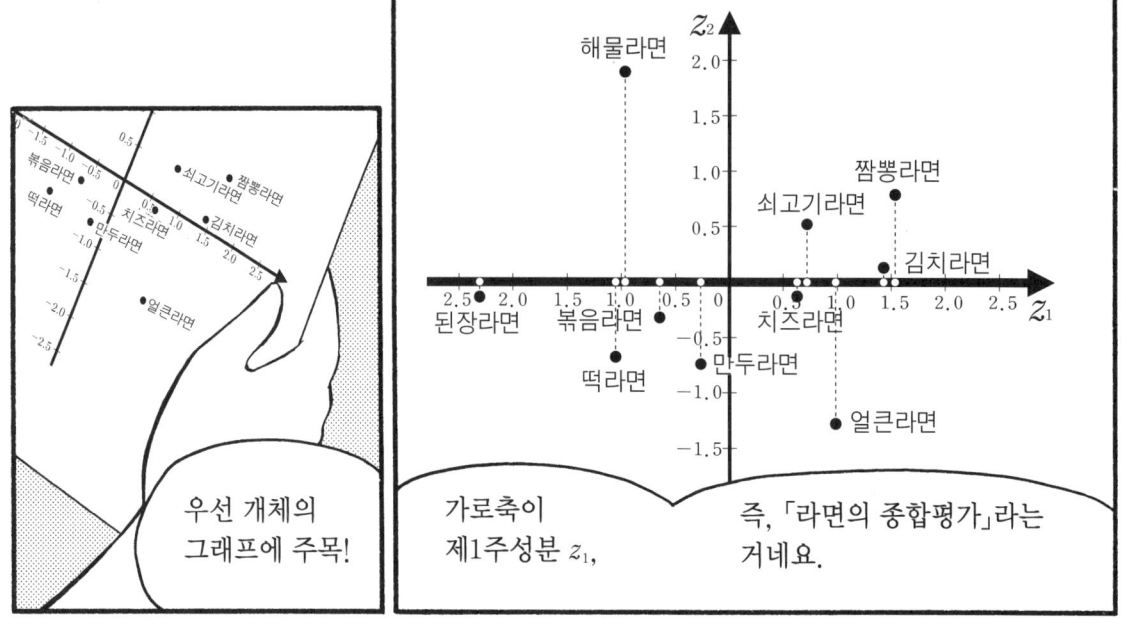

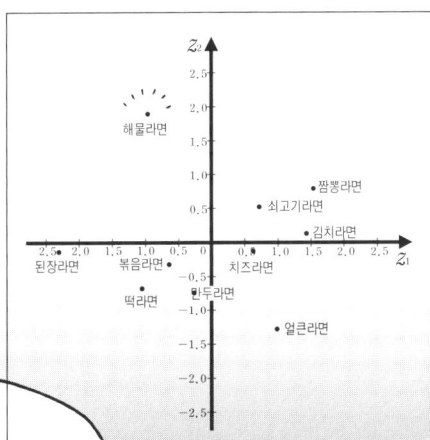
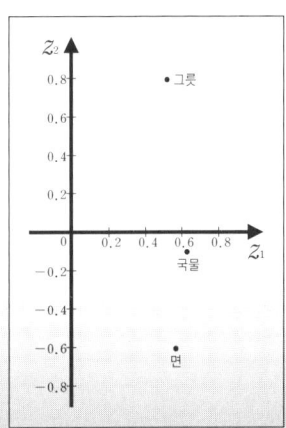
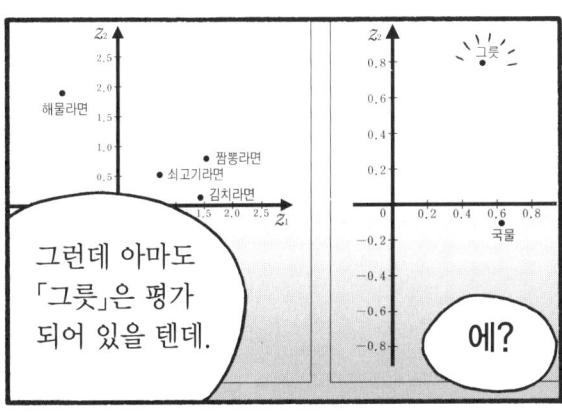

이런 예가 있다고 하자.

집에서 학원까지의 거리가 짧은 아이일수록 군것질을 하지 않고 돌아올 것이고, 그러므로 복습할 시간이 많아 성적이 좋을 것임에 틀림없다. 따라서 「국어」, 「사회」, 「과학」, 「영어」, 「수학」뿐 아니라 「집에서 학원까지의 거리의 역수」를 포함하여 주성분분석을 한 경우이다. 제1주성분을 「종합성적」이라고 정의하는 것이 타당성이 높아진다.

국어	사회	과학	영어	수학	집에서 학원까지의 거리의 역수
42	62	26	4	20	1/1200
12	28	42	8	84	1/580
⋮	⋮	⋮	⋮	⋮	⋮

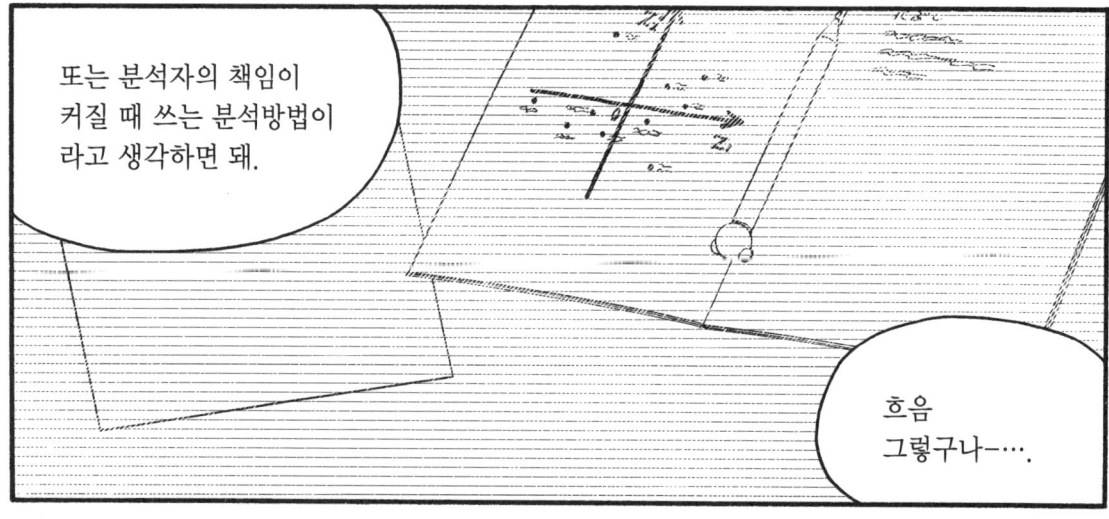

5. 제1주성분과 종합 점수

지금까지 제1주성분은 종합 점수와 일치하는 것처럼 설명해 왔다. 그러나 그것은 옳다고 할 수 없다. 아래의 예를 생각해 보자. 아래 표는 어느 중학교 3학년 학생들의 시험결과 데이터를 정리한 것이다.

◆ 표 4.1 시험결과의 데이터

	과학	수학	하루 식사량 (먹는 횟수)
A	77	82	3
B	68	66	1
C	93	81	2
D	100	92	5
E	75	70	0

이 데이터에 대해 주성분분석을 하면

$$z_2 = 0.56u_1 + 0.60u_2 + 0.57u_3$$

「과학」의 표준점수 「수학」의 표준점수 「하루의 식사량」의 표준점수

라는 제1주성분이 구해진다. 여기서 이 제1주성분은 대체 무슨 종합 점수일까? 상식적으로 생각한다면 어떤 종합 점수도 없을 것이다.

예를 한 가지 더 들어 보자. 여기서는「종합 스포츠 점수」를 주성분분석으로 밝히는 것으로 한다고 해 보자.

그런데

① 「손아귀의 힘」으로든 「좋아하는 TV 스포츠 프로그램」이든 뭐든 좋다. 어떻게든지 변수를 모은다.
② 이들 변수에 대해 주성분분석을 한다.

라는 순서를 따르면 제1주성분이 「종합 스포츠 점수」를 의미한다. 과연 이런 것이 있을 수 있을까?

적어도

① 「종합 스포츠 점수」의 산출에 관련이 있을 것 같은 변수를 모은다.
② 이들 변수에 대해 주성분분석을 한다.

라는 과정을 밟아야 제1주성분이 「종합 스포츠 점수」를 의미하게 되지 않겠는가?
정리해 보자. 주성분분석을 수행한다고 해서 제1주성분이 반드시 종합 점수를 의미하지는 않는다. 분석자가 「종합××점수」를 구하려고, 그것에 맞는 변수를 모아, 그것들의 변수에 대해 주성분분석을 하는 것이야말로 제1주성분이 「종합××점수」를 의미하게 되는 것이다. 그것은 곧, 스튜(stew)의 조리에 비유한다면 「당근이든 피망이든 뭐든 좋으니 가까운 곳에 있는 재료를 익히면 스튜가 자연적으로 만들어진다.」라는 것이 아니라, 「조리하는 사람이 스튜를 만들고 싶다고 생각하여 그것에 맞는 재료를 모아, 그것들을 조리함으로써 스튜가 완성된다.」라는 것이다.

또한, 카레가루와 김치와 마른 오징어를 넣고 스튜를 만든다고 하자. 그것이 스튜인가? 물론 「그렇다.」고 해도 상관없다. 그러나 주위에서 그것을 스튜라고 생각하지 않을 뿐더러, 「얘는 무슨 이런 바보같은 짓을 해!」라고 할 것이다. 그럼 구체적으로 무엇을 넣는 것이 "맞는" 스튜일까? 적어도 마른 오징어는 아닐 것이다. 그러나 결국은 요리사의 양식과 지성에 관련된다고 보는 것이 타당할 수도 있겠다. 이러한 것을 기술한 것이 앞의 「4. 변수의 선택과 제1주성분」이다.

6. 누적기여율의 대체적인 기준

먼저 기술했듯이 주성분분석의 결과는 일반적으로 2차원의 점그래프로 나타난다. 따라서, 제2주성분까지의 누적기여율의 값이 크면 클수록 「이 점그래프에는 분석 대상의 데이터가 갖고 있는 정보가 상당히 집약되어 있다.」고 할 수 있다. 자신 있게 「분석이 잘 됐다.」고 말할 수 있다.

아쉽게도 「제2주성분까지의 누적기여율의 값이 ××% 이상이면 분석이 잘 됐다고 할 수 있다.」라는 통계학적인 기준은 존재하지 않는다. 122쪽에서 등장한 「50%라는 대체적인 기준은 분석 대상의 데이터가 가지고 있던 정보의 반도 집약되지 않은 듯한 점그래프에서 가치 있는 정보를 얻는 것은 어려울 것이다.」라는 생각을 토대로 한 어디까지나 필자의 개인 의견이이다.

　여기서 독자를 혼란시키는 것 한 가지. 우선, 무엇이든 좋으니, 임의의 2개의 변수를 대상으로 주성분분석을 해 보자. 제2주성분까지의 누적기여율의 값은 반드시 100%가 됨을 알 수 있을 것이다. 다음으로 200개의 변수를 대상으로 주성분분석을 하라. 원만한 데이터가 아닌 이상, 제2주성분까지의 누적기여율의 값은 50%를 만족하지 못할 것이다. 사실 제2주성분까지의 누적기여율의 값이 50%를 초과할지 안 할지는 분석 대상의 변수의 개수에 적지 않게 의존한다.

　이러한 이유로, 사실 누적기여율의 대체적 기준은 있는 듯 없는 듯 한다. 그러나 그렇다고 해서「뭐든 된다.」고는 생각하지 말아라. 예를 들어, 제2주성분까지의 누적기여율의 값이 단지 14%인 분석결과를 보고「아! 그렇군!」이라고 평가하는 사람은 없을 것이고, 또한 그런 결과를 발표할 수도 없을 것이다.

　이 내용을 보고 자기 자신 나름의 대체적 기준의 작성에 힘쓰시길 바란다.

7. 제2주성분 이후의 주성분

　수학적인 것에 별로 관심이 없는 독자는, 이 글을 읽지 않고 넘어가도 괜찮다.
　앞서「제2주성분 이후의 주성분은 분석가의 의도와는 관계없이 자동적으로(＝수학적으로) 구해지는 것이다.」라는 것을 기술했다. 사실 그것은 맞지 않다.
　예를 들면 제2주성분은, 사실은

- 제1주성분에 직교한다.
- 데이터의 분산이 제1주성분에 이은 크기의 장소를 지나는 축이 되도록 한다.

라는 제약을 가해 처음으로 구한 축이다.[1]
제3주성분은, 사실은

- 제1주성분과 제2주성분에 직교한다.
- 데이터의 분산이 제1주성분과 제2주성분에 이은 크기의 장소를 지나는 축이 되도록 한다.

라는 제약을 가해 처음으로 구한 축이다.[2] 즉, 제2주성분 이후의 주성분은「분석자의 의도와는 관계없이 자동적으로(=수학적으로) 구해진 것」이 아닌, 사실은 「분석자가 제약을 가함으로써 처음으로 구한 것」, 「분석자가 제약을 가하지 않으면 구하지 못하는 것」이다.

분석자가 「제약을 가하자!」고 신경 쓰지 않아도 데이터 분석용 소프트웨어를 이용하면 제2주성분 이후의 주성분이 자연적으로 구해지지 않을까라고 생각하는 독자가 있을지도 모른다. 그것은 확실히 사실이다. 그러나 그것은 데이터 분석용 소프트웨어가 전에 기술한 것과 같은 제약을 처음부터 적용하여 계산해 주는, 번거롭지만 실무적으로는 굉장히 편리하게 설계되어 있기 때문이다.

8. 분산과 고유값

수학에 별로 관심이 없는 독자는 이 글은 읽지 않고 넘어가도 괜찮다. 먼저 기술했듯이 제1주성분은 「데이터의 분산이 가장 큰 곳을 지나는 축」이다. 그 내용은 115쪽~119쪽까지의 주성분분석의 계산 과정을 확인하도록 한다.

제1주성분을 구할 때, 데이터의 분산에 관련한 계산이 전혀 등장하지 않았다. 대신에 왠지 모르게 고유값과 고유벡터가 등장하고 있다.

수학적인 자세한 이야기는 생략하나, 「데이터의 분산이 가장 큰 곳을 지나는 축을 구하는 것」과 「상관행렬에서 최대의 고유값과 그것에 대응하는 고유벡터를 구하는 것」은 같은 의미다. 마찬가지로 「데이터의 분석이 i번째에 큰 곳을 지나는 축을 구하는 것」과 「상관행렬에서 i번째의 고유값과 그것에 대응하는 고유벡터를 구하는 것」도 같은 의미다.

---

1. 제2주성분은 「제1주성분을 시작으로 하는 다른 주성분에 직교하고 있으며, 데이터의 분산이 두 번째로 큰 곳을 지나는 축」이다.
2. 제3주성분은 「제1주성분이나 제2주성분을 시작으로 하는 다른 주성분과 직교하고 있으며, 데이터의 분산이 세 번째로 큰 곳을 지나는 축」이다. 마찬가지로 i주성분은 「다른 주성분과 직교하고 있으며, 데이터의 분산이 i 번째로 큰 곳을 지나는 축」이다.

제 5 장

인자분석

1. 인자분석이란?
2. 인자분석의 주의점
3. 인자분석의 구체적인 예
4. 본 장의 예에 대한 표본
5. 주의점의 보충
6. 인자부하량의 값이 작은 변수의 처리
7. 최우법
8. 왜 베리맥스 회전법뿐인가?
9. 인자부하량 행렬과 인자구조 행렬
10. 프로맥스법
11. 가정할 수 있는 공통인자 개수의 상한
12. 주인자법과 베리맥스법을 「과거의 유물」 취급하는 것에 대한 반박
13. 인자분석의 용어

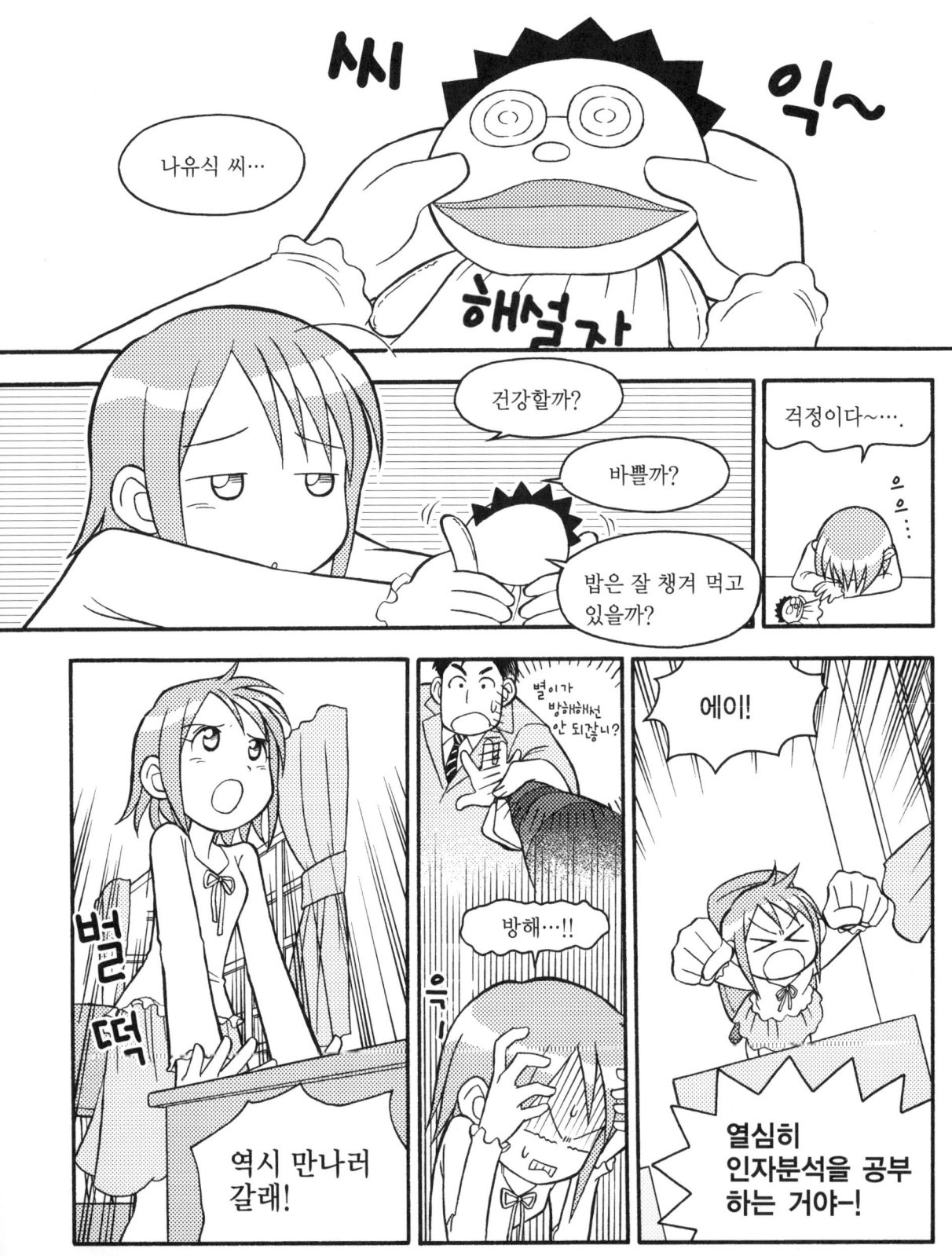

1. 인자분석이란?

딱 좋은 데이터가 실려 있어.

사람	유명함.	신입사원 교육을 철저히 함.	못해도 적극적으로 일을 맡김.	전문적인 지식, 기술을 얻을 수 있음.	전통 있음.	입사 후의 유학·진학 가능함.	발전 가능성 있음.
A	2	5	1	5	1	5	2
B	3	4	2	5	3	4	1
C	4	1	1	2	5	3	2
D	4	1	3	2	5	3	4
E	1	2	5	1	2	1	4
F	5	1	1	1	4	2	2
G	4	1	1	2	3	2	2
H	3	3	3	4	4	5	4
I	3	2	4	3	5	3	5
J	3	1	2	2	4	3	3
K	2	2	3	2	3	1	1
L	4	3	2	3	5	3	3
M	2	1	1	2	3	3	1
N	3	1	1	1	4	2	2
O	3	3	2	4	4	5	3

이걸 봐.

이 표는 「직장을 결정할 때 중요시 하는 것」을 전국의 대학 3학년생을 대상으로 조사한 결과야.

값이 클수록 중요시 한다는 것이야.

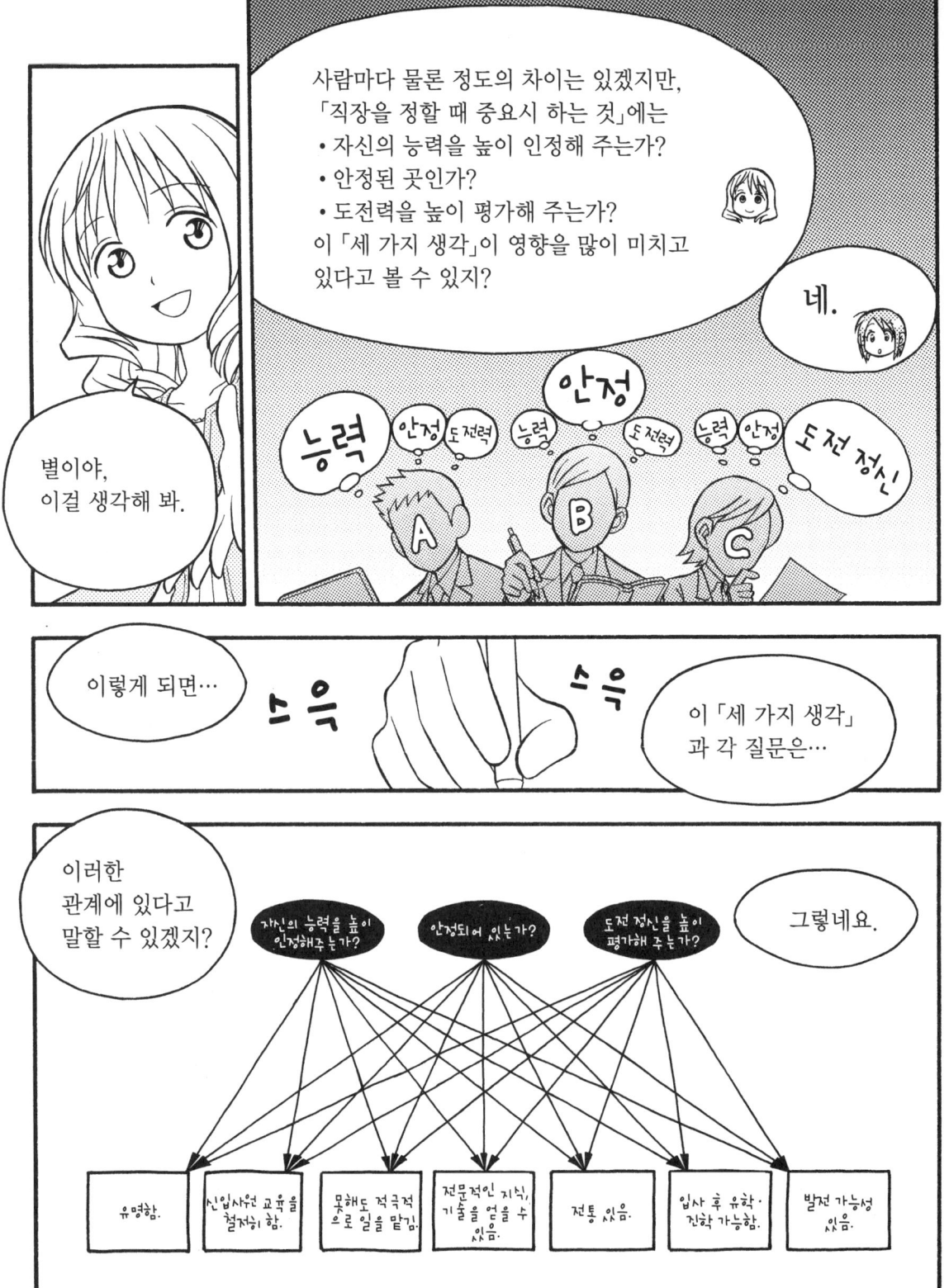

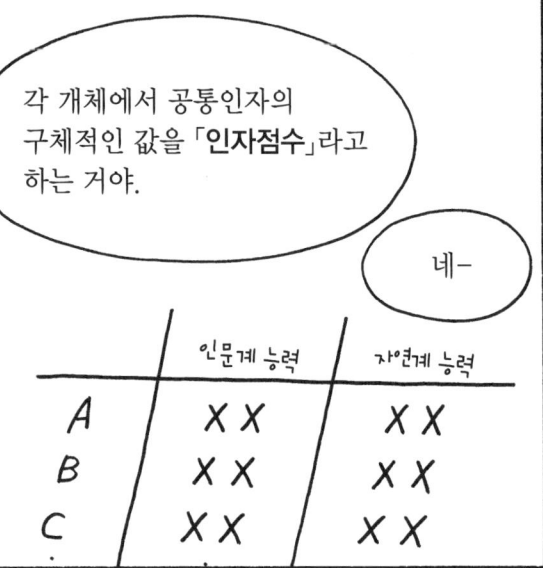

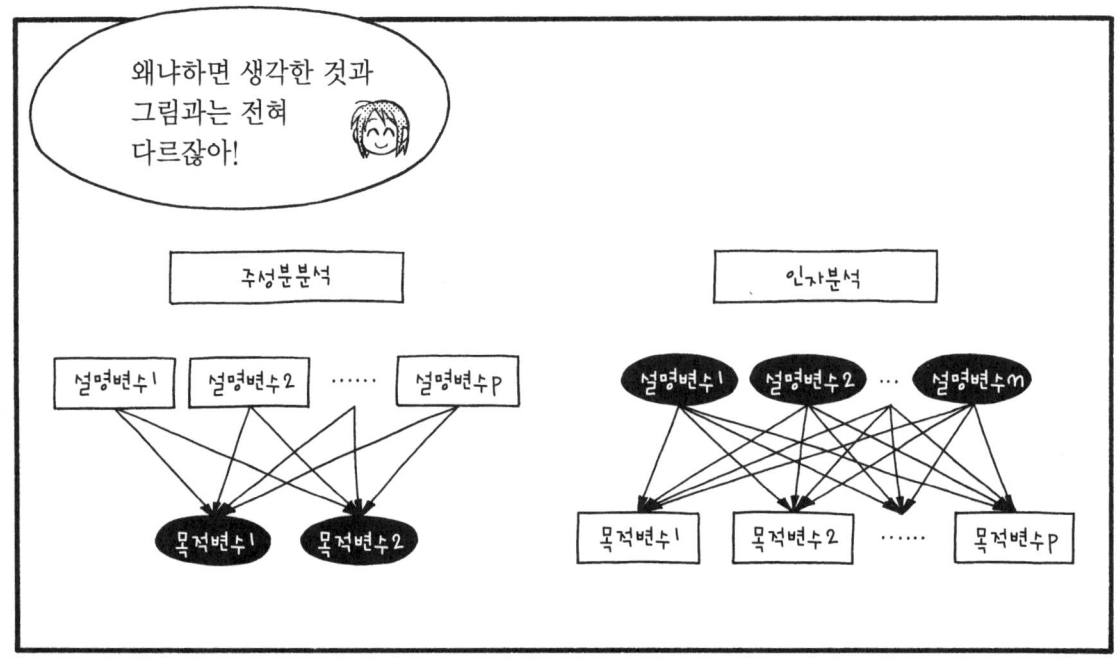

2. 인자분석의 주의점

분위기를 탄 김에 인자분석의 주의점을 이야기할게.

네-

10가지가 있어!^^

많, 많네…!

그것만 확실히 알면 된단 얘기지.

네!

인자분석 주의점 1

우선 첫째,

주성분분석의 각 주성분에는 이런 의미가 있어.

제1주성분	종합력
그 이외의 주성분	분석자의 의도와는 관계없이 자동적으로(=수학적으로) 구해지는 것.

그랬지요.

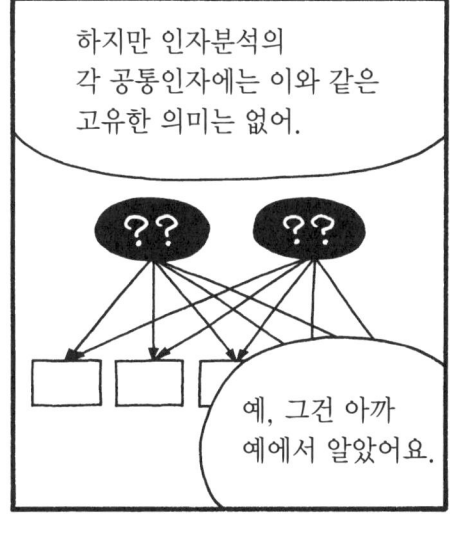
하지만 인자분석의 각 공통인자에는 이와 같은 고유한 의미는 없어.

예, 그건 아까 예에서 알았어요.

각 공통인자의 의미는 우선 분석을 할만큼 한 후에 분석자가 "주관적"으로 해석하는 거야.

흠-

「인문계 능력」과 「자연계 능력」이라는 것이겠지-

제1공통인자   제2공통인자

공통인자를 2개로 가정 | 공통인자를 3개로 가정 | 공통인자를 4개로 가정 ……

1 2 → 목적변수1, 목적변수2, …… 목적변수P
1 2 3 → 목적변수1, 목적변수2, …… 목적변수P
1 2 3 4 → 목적변수1, 목적변수2, …… 목적변수P

이런 식으로 여러 경우를 가정해서 단서를 분석해 가는 거야!

꺄 – 일일이 해 봐야 하는 건가?

일단 「공통인자의 개수는 『상관행렬의 값이 1 이상인 고유값의 개수』로 가정한다.」라는 수학적 기준이 없는 건 아니지만…

혹시

별로 믿을 순 없지만 –.

결국은 일일이 해야 하는구나….

제5장 인자분석 **149**

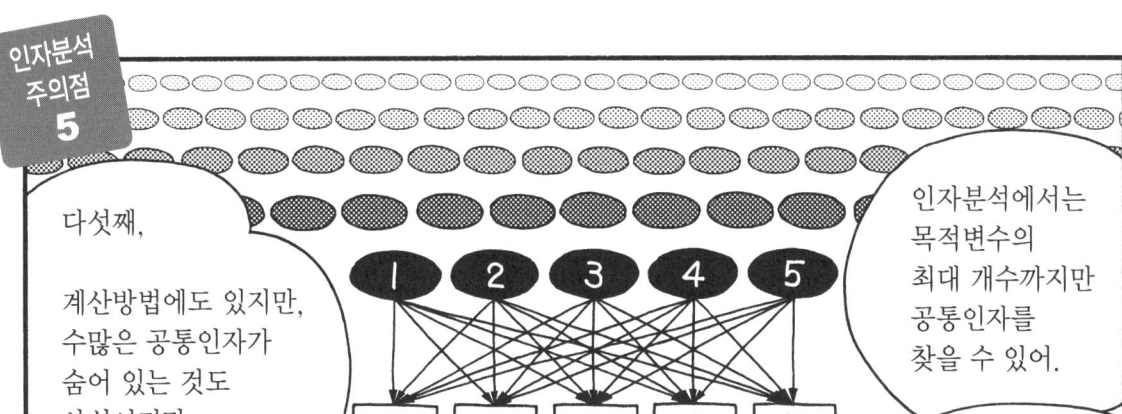

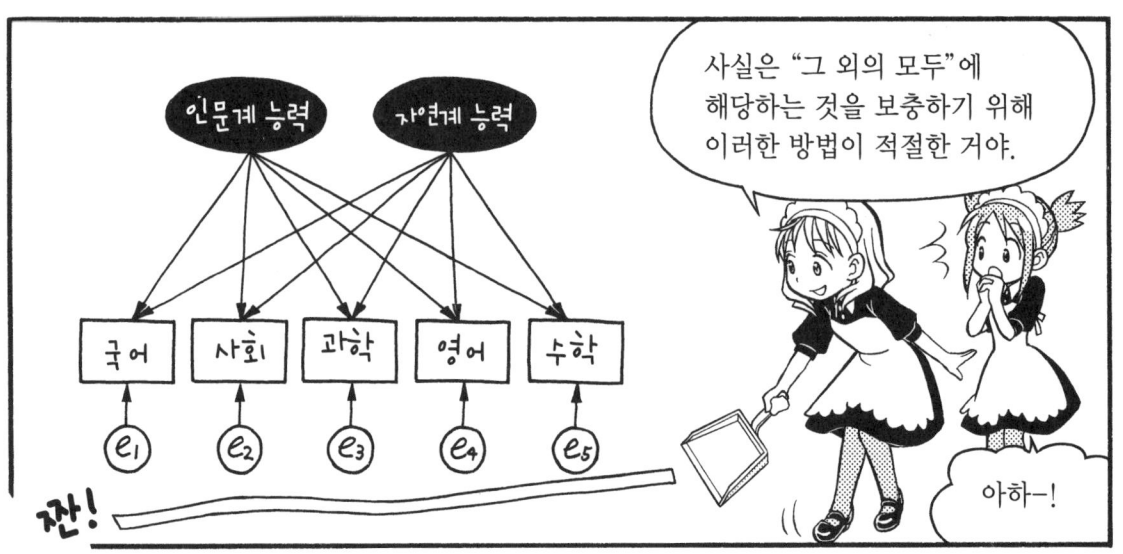

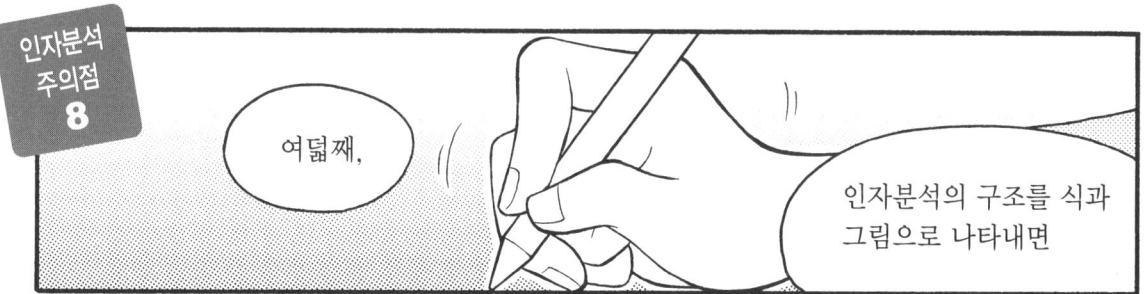

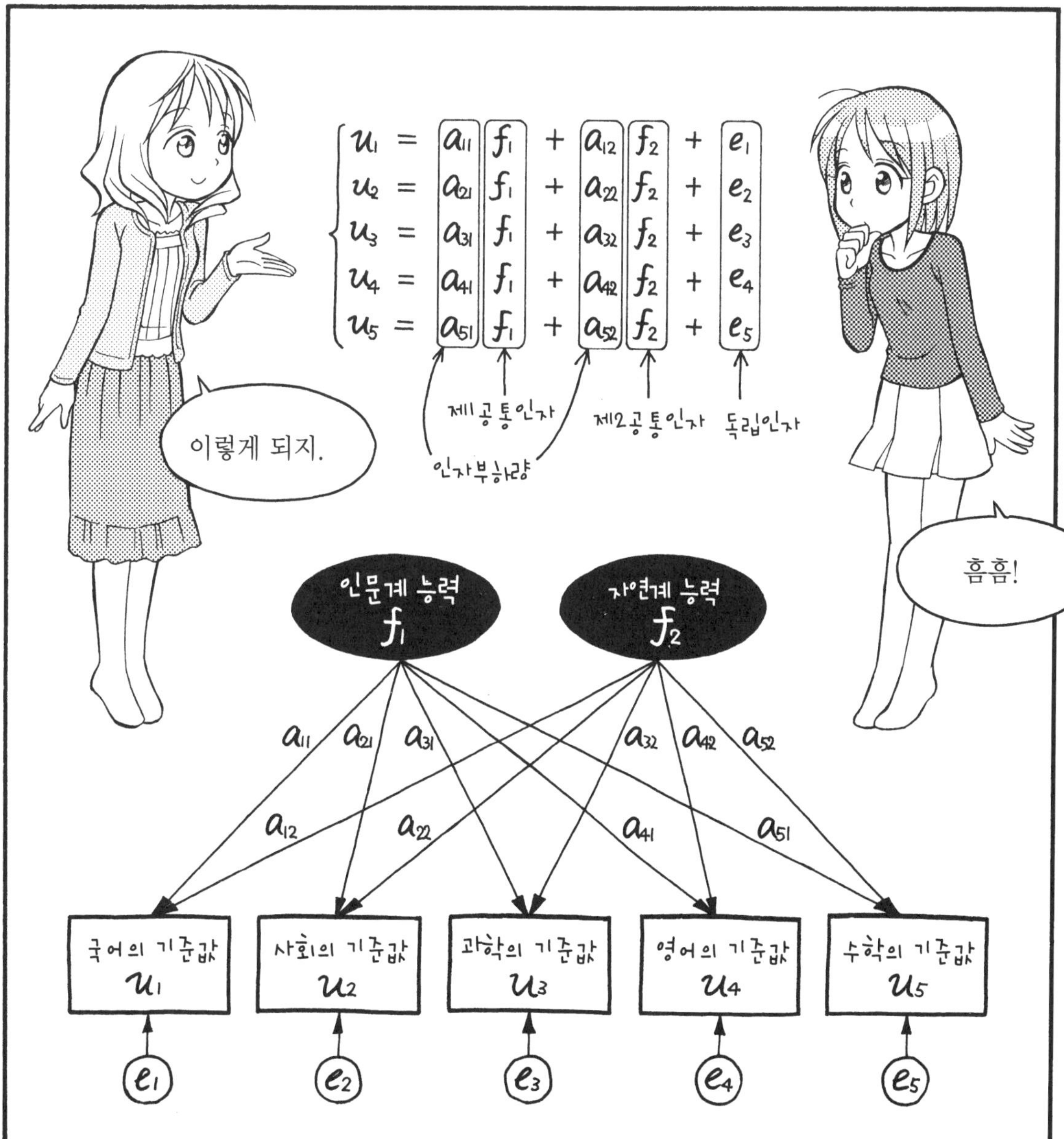

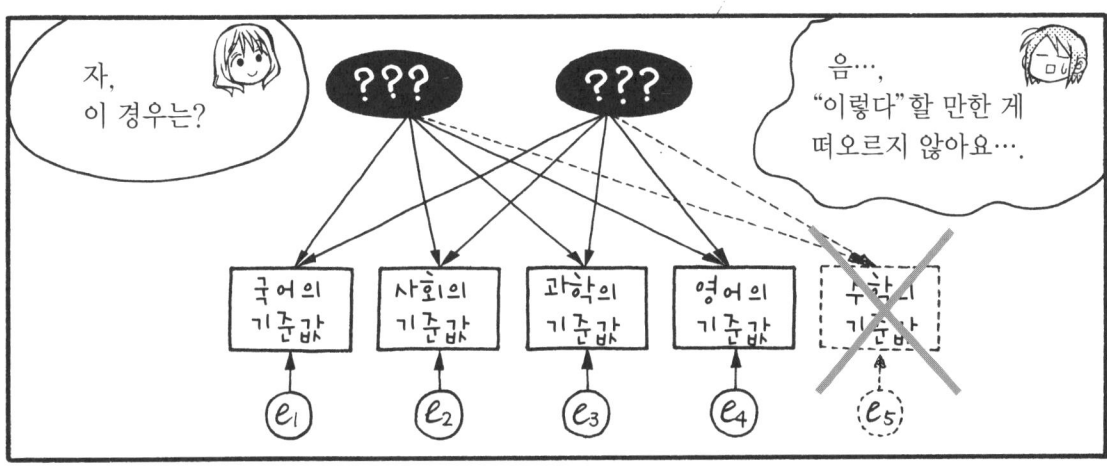

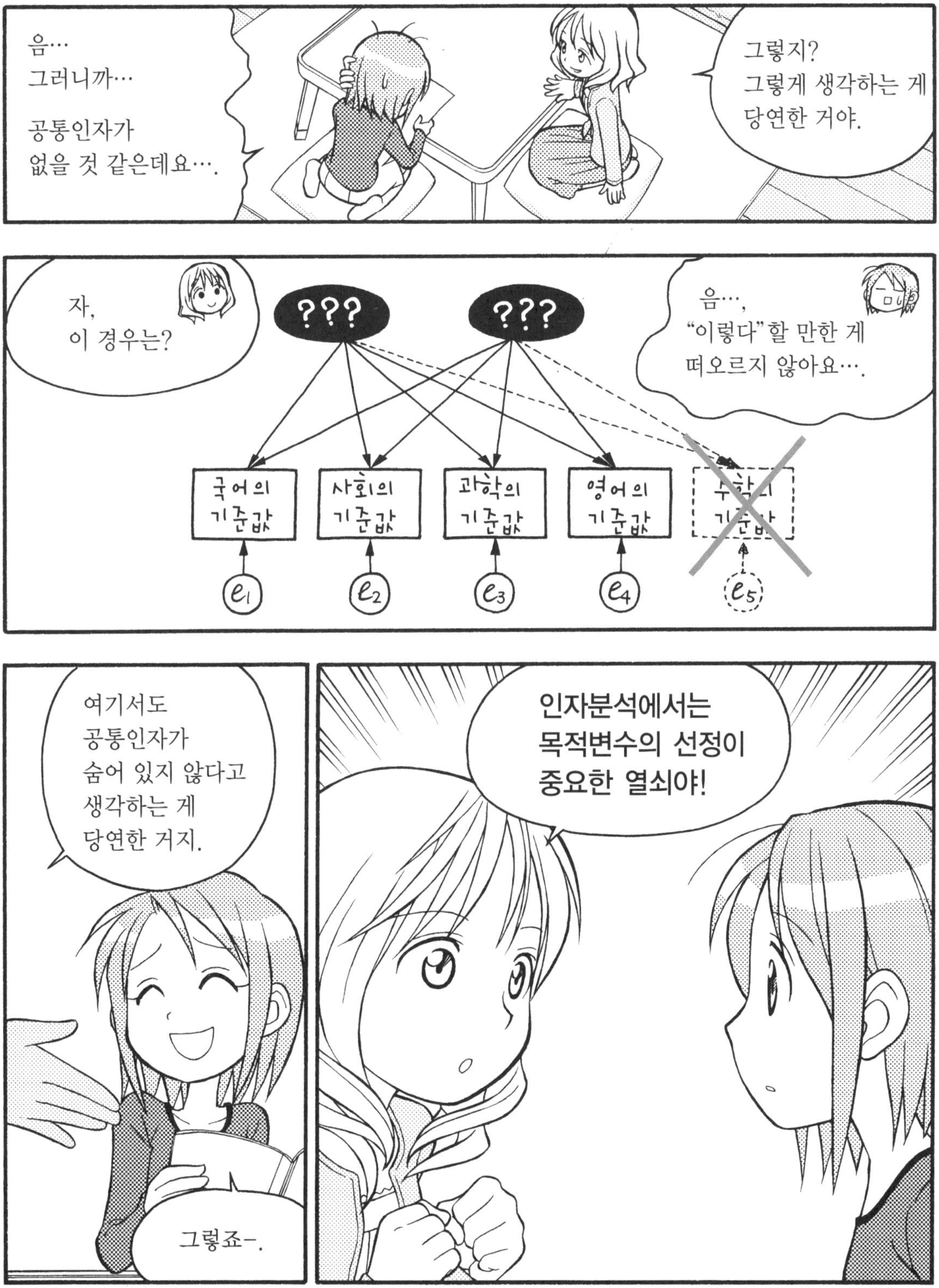

제5장 인자분석

즉, 「이들 목적변수의 배후에 이러한 공통인자가 숨어 있지 않을까」하는…

유명함. / 신입 교육이 철저히 함. / 못해도 적극적으로 일을 맡김. / 전문적인 지식·기술을 얻을 수 있음. / 전통 있음. / 입사 후의 유학·진학에 호의적임. / 이제부터 충분히 발전 가능성이 있음.

가설을 어느 정도 세운 후에 하지 않으면 인자분석은 잘 안 돼.

응—…
그래도 인자분석이란 어떤 공통인자가 숨어 있는지 모르니까 하는 거잖아.

어느 정도 결과를 예측해 두지 않으면 분석이 잘 안 된다니….

인자분석 주의점 10

그럼 이제, 마지막 주의점!

이상해요-.

실은 인자분석은 배후에 숨은 공통인자를 발견하기 위한 분석방법이야.

예…
예…!?

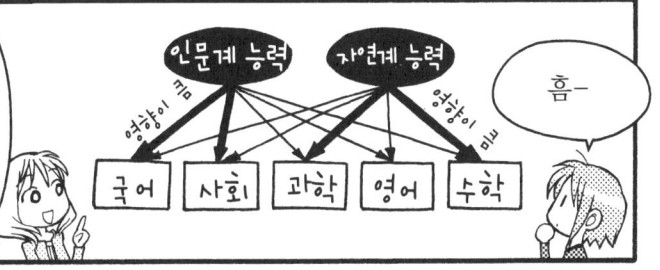

■ 본 가게에 대해 묻겠습니다.

	매우 나쁘다	나쁘다	보통	좋다	매우 좋다
a. 외관분위기	1	2	3	4	5
b. 실내분위기	1	2	3	4	5
c. 웨이트리스의 태도	1	2	3	4	5
	1	2	3	4	5
가격	1	2	3	4	5
센스	1	2	3	4	5

에 대해 질문입니다.

설문지에서 물어본 6개의 질문에 대한 「노른의 인상」에서…

- 그 배후에 숨겨진 「생각」, 바꿔 말하면 「노른의 어디를 평가하고 있는가?」라는 공통인자
- 인자부하량의 값

을 명백히 하자.

넷!

	Q1a 외관 분위기	Q1b 실내 분위기	Q1c 웨이트리스의 태도	Q1d 홍차의 맛	Q1e 홍차의 가격	Q1f 커피
A	5	5	5	4	4	2
B	5	4	5	2	2	2
C	4	4	4	4	4	4
D	2	3	4	3	3	3
E	3	3	3	3	4	1
F	5	4	5	3	2	3
G	5	5	5	4	5	5
H	3	1	2	5	4	4
I	4	1	3	3	2	3
J	1	2	2	2	2	2
K	3	2	3	1	1	1
L	4	3	4	4	3	4
M	3	2	3	4	5	5
N	4	3	4	5	4	5
O	2	2	3	5	5	4

데이터를 입력했어요.

이 데이터에 대해, 공통인자의 개수를 「두 개」로 가정하고, 인자분석을 한다.

인자분석의 흐름은 아래와 같다.

① 회전 전의 인자부하량을 구한다.

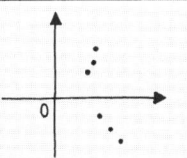

② 회전 후의 인자부하량을 구한다.

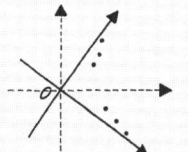

③ 각 공통인자의 의미를 해석한다.

④ 분석 결과의 정도를 확인한다.

⑤ 인자 점수를 구하고, 각 개체의 특징을 파악한다.

제5장 인자분석

① 회전 전의 인자부하량을 구한다.

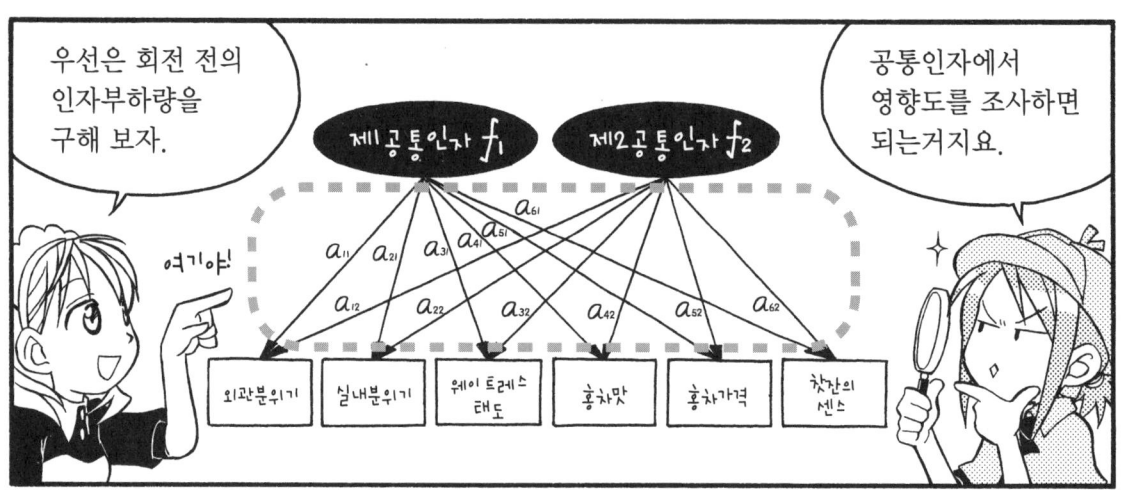

Step1 변수마다 표준화한다.

	Q1a 외관 분위기	...	Q1f 커피
A	5	...	2
B	5	...	2
C	4	...	4
D	2	...	3
E	3	...	1
F	5	...	3
G	5	...	5
H	3	...	4
I	4	...	3
J	1	...	2
K	3	...	1
L	4	...	4
M	3	...	5
N	4	...	5
O	2	...	4
평균	3.5	...	3.2
표준편차	1.2	...	1.4

$$\sqrt{\frac{(5-3.5)^2+\cdots+(2-3.5)^2}{15-1}}=1.2$$

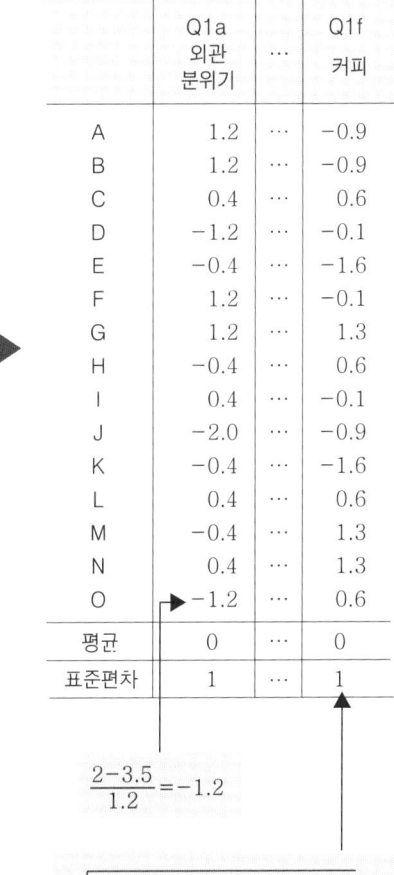

	Q1a 외관 분위기	...	Q1f 커피
A	1.2	...	−0.9
B	1.2	...	−0.9
C	0.4	...	0.6
D	−1.2	...	−0.1
E	−0.4	...	−1.6
F	1.2	...	−0.1
G	1.2	...	1.3
H	−0.4	...	0.6
I	0.4	...	−0.1
J	−2.0	...	−0.9
K	−0.4	...	−1.6
L	0.4	...	0.6
M	−0.4	...	1.3
N	0.4	...	1.3
O	−1.2	...	0.6
평균	0	...	0
표준편차	1	...	1

$$\frac{2-3.5}{1.2}=-1.2$$

$$\sqrt{\frac{(-0.9-0)^2+\cdots+(0.6-0)^2}{15-1}}=1$$

인자분석에서는 표준화로 이용되고 있는 표준편차의 분모는 일반적으로는 「데이터의 개수 −1」이다.

Step2 표준화 후의 데이터를 아래와 같이 가정한다.

괄호 안에 있는 것마다 평균은 0으로, 분산은 1로 가정한다.

	Q1a의 기준값 u_1	⋯	Q1f의 기준값 u_6			Q1a의 기준값 u_1	⋯	Q1f의 기준값 u_6
A	1.2	⋯	−0.9	=	A	$a_{11}f_{A1}+a_{12}f_{A2}+e_{A1}$	⋯	$a_{61}f_{A1}+a_{62}f_{A2}+e_{A6}$
⋮	⋮	⋮	⋮		⋮	⋮		⋮
O	−1.2	⋯	0.6		O	$a_{11}f_{O1}+a_{12}f_{O2}+e_{O1}$	⋯	$a_{61}f_{O1}+a_{62}f_{O2}+e_{O6}$
평균	0	⋯	0		평균	0	⋯	0
표준편차	1	⋯	1		표준편차	1	⋯	1

평균은 0, 분산은 d_1^2이라고 가정한다.

평균은 0, 분산은 d_6^2이라고 가정한다.

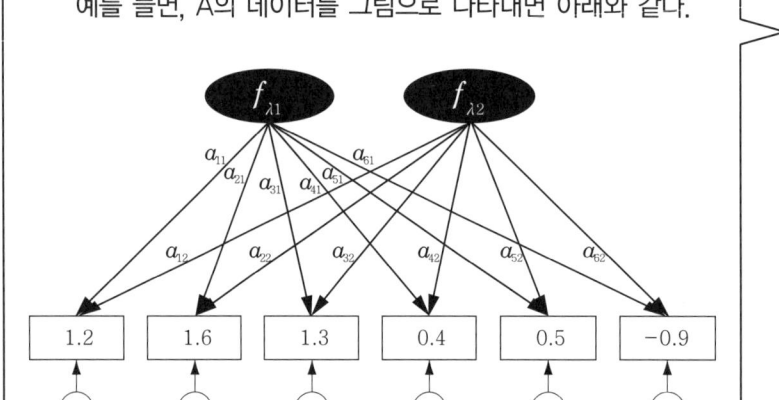

예를 들면, A의 데이터를 그림으로 나타내면 아래와 같다.

저번에 공부한 주의점 8의 식과 그림이네!

제5장 인자분석

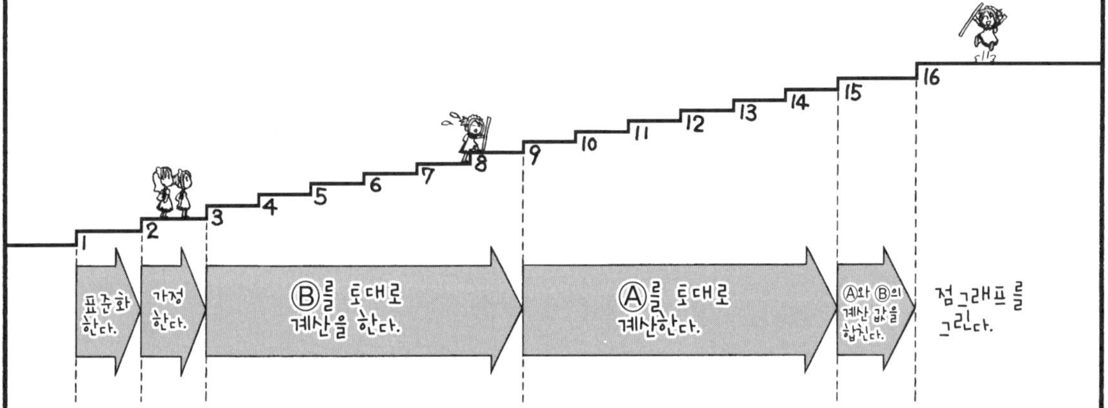

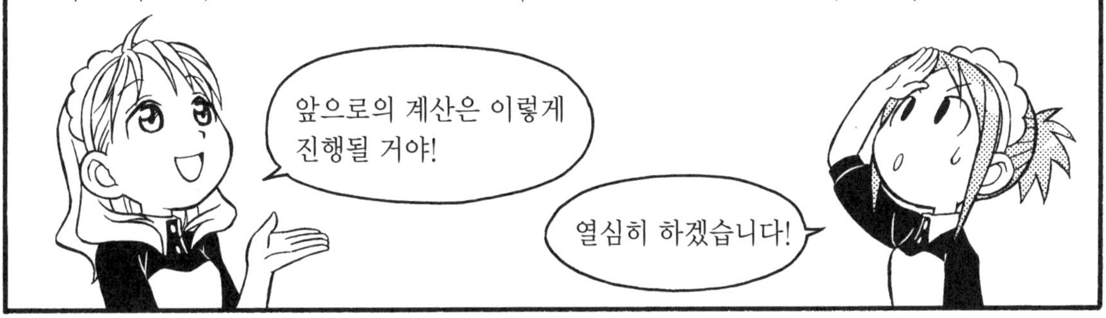

Step3

- f_1과 e_1의 단순상관계수의 값은 0
- f_1과 e_2의 단순상관계수의 값은 0
- f_1과 e_3의 단순상관계수의 값은 0
- f_1과 e_4의 단순상관계수의 값은 0
- f_1과 e_5의 단순상관계수의 값은 0
- f_1과 e_6의 단순상관계수의 값은 0
- f_2와 e_1의 단순상관계수의 값은 0
- f_2와 e_2의 단순상관계수의 값은 0
- f_2와 e_3의 단순상관계수의 값은 0
- f_2와 e_4의 단순상관계수의 값은 0
- f_2와 e_5의 단순상관계수의 값은 0
- f_2와 e_6의 단순상관계수의 값은 0
- e_1과 e_2의 단순상관계수의 값은 0
- e_1과 e_3의 단순상관계수의 값은 0
- e_1과 e_4의 단순상관계수의 값은 0
- e_1과 e_5의 단순상관계수의 값은 0
- e_1과 e_6의 단순상관계수의 값은 0
- e_2와 e_3의 단순상관계수의 값은 0
- e_2와 e_4의 단순상관계수의 값은 0
- e_2와 e_5의 단순상관계수의 값은 0
- e_2와 e_6의 단순상관계수의 값은 0
- e_3와 e_4의 단순상관계수의 값은 0
- e_3와 e_5의 단순상관계수의 값은 0
- e_3와 e_6의 단순상관계수의 값은 0
- e_4와 e_5의 단순상관계수의 값은 0
- e_4와 e_6의 단순상관계수의 값은 0
- e_5와 e_6의 단순상관계수의 값은 0

이라고 가정한다.

「공통인자와 독립인자」 「독립인자끼리」는 관련이 없다고 가정하면 되는구나—.

예를 들면, f_2와 e_6의 단순상관계수의 값을 0으로 가정한다는 것은, 즉

$$\frac{f_2 와\ e_6 의\ 편차곱의\ 합}{\sqrt{f_2 의\ 편차제곱의\ 합 \times e_6 의\ 편차제곱의\ 합}} = 0$$

이라는 것을, 바꿔 말하면

f_2와 e_6의 편차제곱의 합
$= (f_{A2} - \bar{f_2})(e_{A6} - \bar{e_6}) + \cdots + (f_{O2} - \bar{f_2})(e_{O6} - \bar{e_6})$
$= (f_{A2} - 0)(e_{A6} - 0) + \cdots + (f_{O2} - 0)(e_{O6} - 0)$
$= f_{A2}e_{A6} + \cdots + f_{O2}e_{O6}$
$= 0$

이라는 것을 의미한다.

Step2를 자세히 보라.

Step4 f_1과 f_2의 단순상관계수이다.

$$\frac{f_1 과 \ f_2 의 \ 편차곱의 \ 합}{\sqrt{f_1 의 \ 편차제곱의 \ 합 \times f_2 의 \ 편차제곱의 \ 합}} = 0$$

의 값은 0이라고, 즉

$$\begin{aligned} & f_1 과 \ f_2 의 \ 편차제곱의 \ 합 \\ &= (f_{A1} - \bar{f}_2)(f_{A2} - \bar{f}_2) + \cdots + (f_{O1} - \bar{f}_1)(f_{O2} - \bar{f}_2) \\ &= (f_{A1} - 0)(f_{A2} - 0) + \cdots + (f_{O1} - 0)(f_{O2} - 0) \\ &= f_{A1}f_{A2} + \cdots + f_{O1}f_{O2} \\ &= 0 \end{aligned}$$

> Step2를 자세히 보라.

이라고 가정한다.

「임의의 공통인자 간의 단순상관계수의 값은 0이다.」라고 가정하는 것을 직교인자모델이라고 한다. 그 반대로 가정하는 것을 사교인자모델이라고 한다.

「계산이 비교적 쉽다.」라는 이유에서 직교인자모델을 상정해서 분석하는 것이 이제까지는 일반적이었다. 그러나 현재는
- 컴퓨터의 성능이 향상되었고
- 「임의의 공통인자 간의 단순상관계수의 값은 0이다.」라는 직교인자모델의 가정은 나름대로 상식적으로 이유가 있다.

라는 이유에서 사교인자모델을 상정한 분석도 할 수 있게 되었다.

이 예에서는 직교인자모델을 상정하고 있다.

제 5 장 인자분석

Step5 예를 들어, Q1b의 기준값인 u_2와 Q1f의 기준값인 u_6와의 단순상관계수는 아래와 같이 바꿔 쓸 수 있도록 머릿속에서 확인한다.

$$\frac{u_2 \text{와 } u_6 \text{의 편차곱의 합}}{\sqrt{u_2 \text{의 편차제곱의 합} \times u_6 \text{의 편차제곱의 합}}}$$

$$= \frac{\dfrac{u_2 \text{와 } u_6 \text{의 편차곱의 합}}{15-1}}{\dfrac{\sqrt{u_2 \text{의 편차제곱의 합} \times u_6 \text{의 편차제곱의 합}}}{15-1}}$$

「데이터의 개수 빼기 1」에서 분자와 분모를 나눴다.

$$= \frac{\dfrac{u_2 \text{와 } u_6 \text{의 편차곱의 합}}{15-1}}{\sqrt{\dfrac{u_2 \text{의 편차제곱의 합}}{15-1}} \times \sqrt{\dfrac{u_6 \text{의 편차제곱의 합}}{15-1}}}$$

분모를 u_2의 표준편차와 u_6의 표준편차로 나눴다.

$$= \frac{\dfrac{u_2 \text{와 } u_6 \text{의 편차곱의 합}}{15-1}}{1 \times 1}$$

Step1을 자세히 보라.

$$= \frac{u_2 \text{와 } u_6 \text{의 편차곱의 합}}{15-1}$$

$$= \frac{(a_{21}f_{A1}+a_{22}f_{A2}+e_{A1})(a_{61}f_{A1}+a_{62}f_{A2}+e_{A6})+ \cdots +(a_{21}f_{O1}+a_{22}f_{O2}+e_{O1})(a_{61}f_{O1}+a_{62}f_{O2}+e_{O6})}{15-1}$$

분자의 정리

$(a_{21}f_{A1}+a_{22}f_{A2}+e_{A2})(a_{61}f_{A1}+a_{62}f_{A2}+e_{A6})+ \cdots +(a_{21}f_{O1}+a_{22}f_{O2}+e_{O2})(a_{61}f_{O1}+a_{62}f_{O2}+e_{O6})$

$= \boxed{a_{21}f_{A1}a_{61}f_{A1}} + \boxed{a_{21}f_{A1}a_{62}f_{A2}} + \boxed{a_{21}f_{A1}e_{A6}} + \boxed{a_{22}f_{A2}a_{61}f_{A1}} + \boxed{a_{22}f_{A2}a_{62}f_{A2}} + \boxed{a_{22}f_{A2}e_{A6}} + \boxed{e_{A2}a_{61}f_{A1}} + \boxed{e_{A2}a_{62}f_{A2}} + \boxed{e_{A2}e_{A6}}$

$+ \boxed{a_{21}f_{O1}a_{61}f_{O1}} + \boxed{a_{21}f_{O1}a_{62}f_{O2}} + \boxed{a_{21}f_{O1}e_{O6}} + \boxed{a_{22}f_{O2}a_{61}f_{O1}} + \boxed{a_{22}f_{O2}a_{62}f_{O2}} + \boxed{a_{22}f_{O2}e_{O6}} + \boxed{e_{B2}a_{61}f_{B1}} + \boxed{e_{O2}a_{62}f_{O2}} + \boxed{e_{O2}e_{O6}}$

$= a_{21}a_{61}(f_{A1}^2+\cdots+f_{O1}^2) \quad +a_{21}a_{62}(f_{A1}f_{A2}+\cdots+f_{O1}f_{O2}) \quad +a_{21}(f_{A1}e_{A6}+\cdots+f_{O1}e_{O6})$

$+a_{22}a_{61}(f_{A2}f_{A1}+\cdots+f_{O2}f_{O1}) \quad +a_{22}a_{62}(f_{A2}^2+\cdots+f_{O2}^2) \quad +a_{22}(f_{A}e_{A6}+\cdots+f_{O2}e_{O6})$

$+a_{61}(f_{A1}e_{A2}+\cdots+f_{O1}e_{O2}) \quad +a_{62}(f_{A2}e_{A2}+\cdots+f_{O2}e_{O2}) \quad +(e_{A2}e_{A6}+\cdots+e_{O2}e_{O6})$

$$= a_{21}a_{61}(f_1\text{의 편차제곱의 합}) \quad + a_{21}a_{62}(f_1\text{과 }f_2\text{의 편차곱의 합})+a_{21}(f_1\text{과 }e_6\text{의 편차곱의 합})$$
$$+a_{22}a_{61}(f_1\text{과 }f_2\text{의 편차곱의 합})+a_{22}a_{62}(f_2\text{의 편차제곱의 합}) \quad +a_{22}(f_2\text{와 }e_6\text{의 편차곱의 합})$$
$$+a_{61}(f_1\text{과 }e_2\text{의 편차곱의 합}) \quad +a_{62}(f_2\text{와 }e_2\text{의 편차곱의 합}) \quad +(e_2\text{와 }e_6\text{의 편차곱의 합})$$

$$= \begin{array}{lll} a_{21}a_{61}(f_1\text{의 편차제곱의 합}) & +0 & +0 \\ +0 & +a_{22}a_{62}(f_2\text{의 편차제곱의 합}) & +0 \\ +0 & +0 & +0 \end{array}$$

> Step3과 Step4를 자세히 보라.

$$= \frac{a_{21}a_{61}(f_1\text{의 편차제곱의 합})+a_{22}a_{62}(f_2\text{의 편차제곱의 합})}{15-1}$$

$$= a_{21}a_{61} \times \frac{f_1\text{의 편차제곱의 합}}{15-1} + a_{22}a_{62} \times \frac{f_2\text{의 편차제곱의 합}}{15-1}$$

$$= a_{21}a_{61} \times (f_1\text{의 분산}) + a_{22}a_{62} \times (f_2\text{의 분산})$$

$$= a_{21}a_{61} + a_{22}a_{62}$$

> Step2를 자세히 보라.

목적변수끼리의 관련을 확인하면 되는구나.

	외관분위기 (의기준값)	실내분위기 (의기준값)	웨이트리스태도 (의기준값)	홍차맛 (의기준값)	홍차가격 (의기준값)	찻간의 센스 (의기준값)
외관분위기 (의기준값)						
실내분위기 (의기준값)						●
웨이트리스태도 (의기준값)						
홍차맛 (의기준값)						
홍차가격 (의기준값)						
찻간의 센스 (의기준값)		●				

Step6 예를 들면 u_2와 u_2의 단순상관계수는 아래와 같이 바꿔 쓸 수 있음을 머릿속으로 확인한다.

$$\frac{u_2 \text{와 } u_2 \text{의 편차곱의 합}}{\sqrt{u_2 \text{의 편차제곱의 합} \times u_2 \text{의 편차제곱의 합}}}$$

$$=\frac{\dfrac{u_2 \text{와 } u_2 \text{의 편차곱의 합}}{15-1}}{\dfrac{\sqrt{u_2 \text{의 편차제곱의 합} \times u_2 \text{의 편차제곱의 합}}}{15-1}}$$

「데이터의 개수 빼기 1」에서 분자와 분모를 나눴다.

$$=\frac{\dfrac{u_2 \text{와 } u_2 \text{의 편차곱의 합}}{15-1}}{u_2 \text{의 분산}}$$

$$=\frac{\dfrac{u_2 \text{와 } u_2 \text{의 편차곱의 합}}{15-1}}{1}$$

분산 = 표준편차^2 임을 알고 Step1을 자세히 보라.

$$=\frac{u_2 \text{와 } u_2 \text{의 편차곱의 합}}{15-1}$$

$=u_2$의 분산

$$=\frac{(a_{21}f_{A1}+a_{22}f_{A2}+e_{A2})^2+\cdots+(a_{21}f_{O1}+a_{22}f_{O2}+e_{O2})^2}{15-1}$$

분자의 정리

$(a_{21}f_{A1}+a_{22}f_{A2}+e_{A2})^2+\cdots+(a_{21}f_{O1}+a_{22}f_{O2}+e_{O2})^2$

$= (a_{21}f_{A1})^2+(a_{22}f_{A2})^2+(e_{A2})^2+2(a_{21}f_{A1})(a_{22}f_{A2})+2(a_{22}f_{A2})(e_{A2})+2(e_{A2})(a_{21}f_{A1})$
$\quad +(a_{21}f_{O1})^2+(a_{22}f_{O2})^2+(e_{O2})^2+2(a_{21}f_{O1})(a_{22}f_{O2})+2(a_{22}f_{O2})(e_{O2})+2(e_{O2})(a_{21}f_{O1})$

$= a_{21}^2(f_{A1}^2+\cdots+f_{O1}^2) \quad\quad +a_{22}^2(f_{A2}^2+\cdots+f_{O2}^2) \quad\quad +(e_{A2}^2+\cdots+e_{O2}^2)$
$\quad +2a_{21}a_{22}(f_{A1}f_{A2}+\cdots+f_{O1}f_{O2}) +2a_{22}(f_{A2}e_{A2}+\cdots+f_{O1}e_{O2}) +2a_{21}(f_{A1}e_{A2}+\cdots+f_{O1}e_{O2})$

$= a_{21}^2(f_1\text{의 편차제곱의 합}) \quad +a_{22}^2(f_2\text{의 편차제곱의 합}) \quad +(e_2\text{의 편차제곱의 합})$
$\quad +2a_{21}a_{22}(f_1\text{과 }f_2\text{의 편차곱의 합})+2a_{22}(f_2\text{와 }e_2\text{의 편차곱의 합})+2a_{21}(f_1\text{과 }e_2\text{의 편차곱의 합})$

$$= a_{21}^2(f_1\text{의 편차제곱의 합}) + a_{22}^2(f_2\text{의 편차제곱의 합}) + (e_2\text{의 편차제곱의 합})$$
$$+0 \qquad\qquad +0 \qquad\qquad +0$$

> Step3와 Step4를 자세히 보라.

$$= \frac{a_{21}^2(f_1\text{의 편차제곱의 합}) + a_{22}^2(f_2\text{의 편차제곱의 합}) + (e_2\text{의 편차제곱의 합})}{15-1}$$

$$= a_{21}^2 \times \frac{f_1\text{의 편차제곱의 합}}{15-1} + a_{22}^2 \times \frac{f_2\text{의 편차제곱의 합}}{15-1} + \frac{e_2\text{의 편차제곱의 합}}{15-1}$$

$$= a_{21}^2 \times (f_1\text{의 분산}) + a_{22}^2 \times (f_2\text{의 분산}) + (e_2\text{의 분산})$$

$$= a_{21}^2 + a_{22}^2 + d_2^2$$

> Step2를 자세히 보라.

각 목적변수의 자기 자신과의 관계일까…

Step7 Step5와 Step6에서 상관행렬을 아래와 같이 바꾸어 쓸 수 있음을 머릿속에서 확인한다.

$$\begin{pmatrix} r_{11} & r_{12} & \cdots & r_{16} \\ r_{21} & r_{22} & \cdots & r_{26} \\ \vdots & \vdots & \ddots & \vdots \\ r_{61} & r_{62} & \cdots & r_{66} \end{pmatrix} = \begin{pmatrix} a_{11}^2 + a_{12}^2 + d_1^2 & a_{11}a_{21} + a_{12}a_{22} & \cdots & a_{11}a_{61} + a_{12}a_{62} \\ a_{21}a_{11} + a_{22}a_{12} & a_{21}^2 + a_{22}^2 + d_2^2 & \cdots & a_{21}a_{61} + a_{22}a_{62} \\ \vdots & \vdots & \ddots & \vdots \\ a_{61}a_{11} + a_{62}a_{12} & a_{61}a_{21} + a_{62}a_{22} & \cdots & a_{61}^2 + a_{62}^2 + d_6^2 \end{pmatrix}$$

$$= \begin{pmatrix} a_{11}^2 + a_{12}^2 & a_{11}a_{21} + a_{12}a_{22} & \cdots & a_{11}a_{61} + a_{12}a_{62} \\ a_{21}a_{11} + a_{22}a_{12} & a_{21}^2 + a_{22}^2 & \cdots & a_{21}a_{61} + a_{22}a_{62} \\ \vdots & \vdots & \ddots & \vdots \\ a_{61}a_{11} + a_{62}a_{12} & a_{61}a_{21} + a_{62}a_{22} & \cdots & a_{61}^2 + a_{62}^2 \end{pmatrix} + \begin{pmatrix} d_1^2 & 0 & \cdots & 0 \\ 0 & d_2^2 & \cdots & 0 \\ \vdots & \vdots & \ddots & \vdots \\ 0 & 0 & \cdots & d_6^2 \end{pmatrix}$$

Step8 Step7의 식을 정리한다. 또한, 계산 도중에 등장하는 좌변의 우측 대각선상에 있는 $1-d_i^2$은 공통성이라고 불리며, 「h_i^2」으로 표기되는 경우가 있다.

$$\begin{pmatrix} r_{11} & r_{12} & \cdots & r_{16} \\ r_{21} & r_{22} & \cdots & r_{26} \\ \vdots & \vdots & \ddots & \vdots \\ r_{61} & r_{62} & \cdots & r_{66} \end{pmatrix} \begin{pmatrix} d_1^2 & 0 & \cdots & 0 \\ 0 & d_2^2 & \cdots & 0 \\ \vdots & \vdots & \ddots & \vdots \\ 0 & 0 & \cdots & d_6^2 \end{pmatrix} = \begin{pmatrix} a_{11}^2 + a_{12}^2 & a_{11}a_{21} + a_{12}a_{22} & \cdots & a_{11}a_{61} + a_{12}a_{62} \\ a_{21}a_{11} + a_{22}a_{12} & a_{21}^2 + a_{22}^2 & \cdots & a_{21}a_{61} + a_{22}a_{62} \\ \vdots & \vdots & \ddots & \vdots \\ a_{61}a_{11} + a_{62}a_{12} & a_{61}a_{21} + a_{62}a_{22} & \cdots & a_{61}^2 + a_{62}^2 \end{pmatrix}$$

← Step3의 식을 이항한다.

$$\begin{pmatrix} 1 & r_{12} & \cdots & r_{16} \\ r_{21} & 1 & \cdots & r_{26} \\ \vdots & \vdots & \ddots & \vdots \\ r_{61} & r_{62} & \cdots & 1 \end{pmatrix} \begin{pmatrix} d_1^2 & 0 & \cdots & 0 \\ 0 & d_2^2 & \cdots & 0 \\ \vdots & \vdots & \ddots & \vdots \\ 0 & 0 & \cdots & d_6^2 \end{pmatrix} = \begin{pmatrix} a_{11}^2 + a_{12}^2 & a_{11}a_{21} + a_{12}a_{22} & \cdots & a_{11}a_{61} + a_{12}a_{62} \\ a_{21}a_{11} + a_{22}a_{12} & a_{21}^2 + a_{22}^2 & \cdots & a_{21}a_{61} + a_{22}a_{62} \\ \vdots & \vdots & \ddots & \vdots \\ a_{61}a_{11} + a_{62}a_{12} & a_{61}a_{21} + a_{62}a_{22} & \cdots & a_{61}^2 + a_{62}^2 \end{pmatrix}$$

← r_{ii}를 1로 바꾸어 적는다.

$$\begin{pmatrix} 1-d_1^2 & r_{12} & \cdots & r_{16} \\ r_{21} & 1-d_2^2 & \cdots & r_{26} \\ \vdots & \vdots & \ddots & \vdots \\ r_{61} & r_{62} & \cdots & 1-d_6^2 \end{pmatrix} = \begin{pmatrix} a_{11}^2 + a_{12}^2 & a_{11}a_{21} + a_{12}a_{22} & \cdots & a_{11}a_{61} + a_{12}a_{62} \\ a_{21}a_{11} + a_{22}a_{12} & a_{21}^2 + a_{22}^2 & \cdots & a_{21}a_{61} + a_{22}a_{62} \\ \vdots & \vdots & \ddots & \vdots \\ a_{61}a_{11} + a_{62}a_{12} & a_{61}a_{21} + a_{62}a_{22} & \cdots & a_{61}^2 + a_{62}^2 \end{pmatrix}$$

우변의 정리

$$\begin{pmatrix} a_{11}^2+a_{12}^2 & a_{11}a_{21}+a_{12}a_{22} & \cdots & a_{11}a_{61}+a_{12}a_{62} \\ a_{21}a_{11}+a_{22}a_{12} & a_{21}^2+a_{22}^2 & \cdots & a_{21}a_{61}+a_{22}a_{62} \\ \vdots & \vdots & \ddots & \vdots \\ a_{61}a_{11}+a_{62}a_{12} & a_{61}a_{21}+a_{62}a_{22} & \cdots & a_{61}^2+a_{62}^2 \end{pmatrix}$$

$$= \begin{pmatrix} a_{11}a_{11}+a_{12}a_{12} & a_{11}a_{21}+a_{12}a_{22} & \cdots & a_{11}a_{61}+a_{12}a_{62} \\ a_{21}a_{11}+a_{22}a_{12} & a_{21}a_{21}+a_{22}a_{22} & \cdots & a_{21}a_{61}+a_{22}a_{62} \\ \vdots & \vdots & \ddots & \vdots \\ a_{61}a_{11}+a_{62}a_{12} & a_{61}a_{21}+a_{62}a_{22} & \cdots & a_{61}a_{61}+a_{62}a_{62} \end{pmatrix}$$

$$= \begin{pmatrix} a_{11} & a_{12} \\ a_{21} & a_{22} \\ \vdots & \vdots \\ a_{61} & a_{62} \end{pmatrix} \begin{pmatrix} a_{11} & a_{21} & \cdots & a_{61} \\ a_{12} & a_{22} & \cdots & a_{62} \end{pmatrix}$$

$$\begin{pmatrix} 1-d_1^2 & r_{12} & \cdots & r_{16} \\ r_{21} & 1-d_2^2 & \cdots & r_{26} \\ \vdots & \vdots & \ddots & \vdots \\ r_{61} & r_{62} & \cdots & 1-d_6^2 \end{pmatrix} = \begin{pmatrix} a_{11} & a_{12} \\ a_{21} & a_{22} \\ \vdots & \vdots \\ a_{61} & a_{62} \end{pmatrix} \begin{pmatrix} a_{11} & a_{21} & \cdots & a_{61} \\ a_{12} & a_{22} & \cdots & a_{62} \end{pmatrix}$$

수고했다!

후-!^^

8

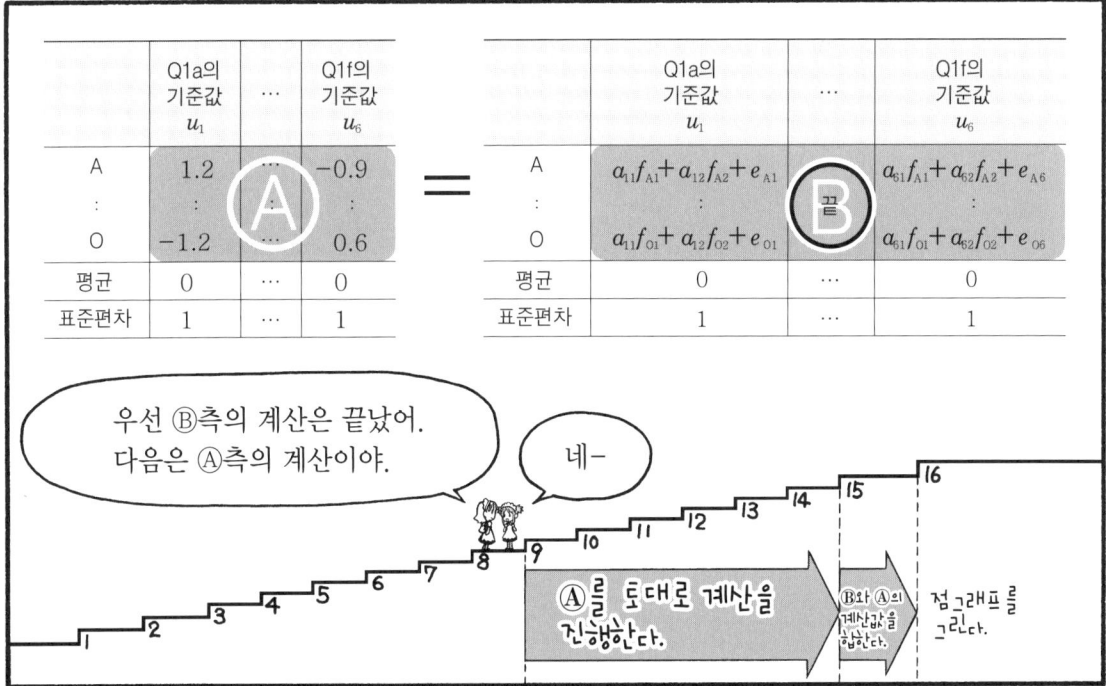

	Q1a의 기준값 u_1	$\cdots$	Q1f의 기준값 u_6			Q1a의 기준값 u_1	$\cdots$	Q1f의 기준값 u_6
A	1.2	$\cdots$	-0.9	=	A	$a_{11}f_{A1}+a_{12}f_{A2}+e_{A1}$	$\cdots$	$a_{61}f_{A1}+a_{62}f_{A2}+e_{A6}$
:	: Ⓐ :	$\cdots$	:		:	:	$\cdots$	: Ⓑ :
O	-1.2	$\cdots$	0.6		O	$a_{11}f_{O1}+a_{12}f_{O2}+e_{O1}$	$\cdots$	$a_{61}f_{O1}+a_{62}f_{O2}+e_{O6}$
평균	0	$\cdots$	0		평균	0	$\cdots$	0
표준편차	1	$\cdots$	1		표준편차	1	$\cdots$	1

우선 Ⓑ측의 계산은 끝났어.
다음은 Ⓐ측의 계산이야.

네-

Ⓐ를 토대로 계산을 진행한다.

Ⓑ와 Ⓐ의 계산값을 합한다.

점그래프를 그린다.

제5장 인자분석 **173**

Step9 분석 대상의 데이터에서 실제의 상관행렬을 구하고, 거기에서 $\begin{pmatrix} d_1^2 & 0 & \cdots & 0 \\ 0 & d_2^2 & \cdots & 0 \\ \vdots & \vdots & \ddots & \vdots \\ 0 & 0 & \cdots & d_6^2 \end{pmatrix}$ 을 뺀다.

$$\begin{pmatrix} 1 & 0.65 & 0.80 & 0.11 & 0.01 & 0.14 \\ 0.65 & 1 & 0.89 & 0.02 & 0.19 & 0.01 \\ 0.80 & 0.89 & 1 & 0.02 & 0.04 & 0.10 \\ 0.11 & 0.02 & 0.02 & 1 & 0.82 & 0.77 \\ 0.01 & 0.19 & 0.04 & 0.82 & 1 & 0.64 \\ 0.14 & 0.01 & 0.10 & 0.77 & 0.64 & 1 \end{pmatrix} - \begin{pmatrix} d_1^2 & 0 & 0 & 0 & 0 & 0 \\ 0 & d_2^2 & 0 & 0 & 0 & 0 \\ 0 & 0 & d_3^2 & 0 & 0 & 0 \\ 0 & 0 & 0 & d_4^2 & 0 & 0 \\ 0 & 0 & 0 & 0 & d_5^2 & 0 \\ 0 & 0 & 0 & 0 & 0 & d_6^2 \end{pmatrix}$$

$$= \begin{pmatrix} 1-d_1^2 & 0.65 & 0.80 & 0.11 & 0.01 & 0.14 \\ 0.65 & 1-d_2^2 & 0.89 & 0.02 & 0.19 & 0.01 \\ 0.80 & 0.89 & 1-d_3^2 & 0.02 & 0.04 & 0.10 \\ 0.11 & 0.02 & 0.02 & 1-d_4^2 & 0.82 & 0.77 \\ 0.01 & 0.19 & 0.04 & 0.82 & 1-d_5^2 & 0.64 \\ 0.14 & 0.01 & 0.10 & 0.77 & 0.64 & 1-d_6^2 \end{pmatrix}$$

여기는 간단하네!^^

Step10 Step9에서 오른쪽 밑으로 기운 대각선상의 값을, 즉 공통성 $1-d_i^2$의 값을

$$\begin{cases} 1-d_1^2 = \text{목적변수가 } u_1\text{이고, 설명변수가 } u_2\text{와 } u_3\text{와 } u_4\text{와 } u_5\text{와 } u_6\text{의 기여율 } R_1^2 \\ 1-d_2^2 = \text{목적변수가 } u_2\text{이고, 설명변수가 } u_1\text{과 } u_3\text{와 } u_4\text{와 } u_5\text{와 } u_6\text{의 기여율 } R_2^2 \\ 1-d_3^2 = \text{목적변수가 } u_3\text{이고, 설명변수가 } u_1\text{과 } u_2\text{와 } u_4\text{와 } u_5\text{와 } u_6\text{의 기여율 } R_3^2 \\ 1-d_4^2 = \text{목적변수가 } u_4\text{이고, 설명변수가 } u_1\text{과 } u_2\text{와 } u_3\text{와 } u_5\text{와 } u_6\text{의 기여율 } R_4^2 \\ 1-d_5^2 = \text{목적변수가 } u_5\text{이고, 설명변수가 } u_1\text{과 } u_2\text{와 } u_3\text{와 } u_4\text{와 } u_6\text{의 기여율 } R_5^2 \\ 1-d_6^2 = \text{목적변수가 } u_6\text{이고, 설명변수가 } u_1\text{과 } u_2\text{와 } u_3\text{와 } u_4\text{와 } u_5\text{의 기여율 } R_6^2 \end{cases}$$

으로 한다.

$$\begin{pmatrix} 1-d_1^2 & 0.65 & 0.80 & 0.11 & 0.01 & 0.14 \\ 0.65 & 1-d_2^2 & 0.89 & 0.02 & 0.19 & 0.01 \\ 0.80 & 0.89 & 1-d_3^2 & 0.02 & 0.04 & 0.10 \\ 0.11 & 0.02 & 0.02 & 1-d_4^2 & 0.82 & 0.77 \\ 0.01 & 0.19 & 0.04 & 0.82 & 1-d_5^2 & 0.64 \\ 0.14 & 0.01 & 0.10 & 0.77 & 0.64 & 1-d_6^2 \end{pmatrix} = \begin{pmatrix} 0.68 & 0.65 & 0.80 & 0.11 & 0.01 & 0.14 \\ 0.65 & 0.88 & 0.89 & 0.02 & 0.19 & 0.01 \\ 0.80 & 0.89 & 0.91 & 0.02 & 0.04 & 0.10 \\ 0.11 & 0.02 & 0.02 & 0.81 & 0.82 & 0.77 \\ 0.01 & 0.19 & 0.04 & 0.82 & 0.81 & 0.64 \\ 0.14 & 0.01 & 0.10 & 0.77 & 0.64 & 0.66 \end{pmatrix}$$

공통성 $1-d_i^2$을 어느 값으로 가정하지 않으면, 더 이상 계산을 진행할 수 없음을 수학적으로 알고 있다.

공통성 $1-d_i^2$의 값을 얼마라고 가정할지에는 여러 방법이 있다. 그 중에서도 가장 잘 알려진 것이 여기서 선택한 것이다.

중회귀식과 기여율이란 뭐예요?

목적변수 설명변수

$y = \alpha_1 x_1 + \alpha_2 x_2 + \cdots + \alpha_p x_p + \beta$

이것이 중회귀식으로, 그 정도를 기여율이라고 하는데. 자세한 것은 내가 전에 공부한 노트를 보면 돼.

Step11

$$\begin{pmatrix} 0.68 & 0.65 & 0.80 & 0.11 & 0.01 & 0.14 \\ 0.65 & 0.88 & 0.89 & 0.02 & 0.19 & 0.01 \\ 0.80 & 0.89 & 0.91 & 0.02 & 0.04 & 0.10 \\ 0.11 & 0.02 & 0.02 & 0.81 & 0.82 & 0.77 \\ 0.01 & 0.19 & 0.04 & 0.82 & 0.81 & 0.64 \\ 0.14 & 0.01 & 0.10 & 0.77 & 0.64 & 0.66 \end{pmatrix} \begin{pmatrix} t_1 \\ t_2 \\ t_3 \\ t_4 \\ t_5 \\ t_6 \end{pmatrix} = \lambda \begin{pmatrix} t_1 \\ t_2 \\ t_3 \\ t_4 \\ t_5 \\ t_6 \end{pmatrix}$$ 를 만족하는 고유값 λ와 고유벡터 $\begin{pmatrix} t_1 \\ t_2 \\ t_3 \\ t_4 \\ t_5 \\ t_6 \end{pmatrix}$ 를

구한다. 고유벡터는 $t_1^2+t_2^2+t_3^2+t_4^2+t_5^2+t_6^2=1$이 성립되도록 한다.

데이터 분석용 소프트웨어에서 구해야 하는 것은 아래와 같다

고유값 λ	고유벡터 $\begin{pmatrix} t_1 \\ t_2 \\ t_3 \\ t_4 \\ t_5 \\ t_6 \end{pmatrix}$
2.55	$\begin{pmatrix} 0.43 \\ 0.48 \\ 0.50 \\ 0.34 \\ 0.34 \\ 0.32 \end{pmatrix}$
2.11	$\begin{pmatrix} -0.28 \\ -0.34 \\ -0.38 \\ 0.51 \\ 0.47 \\ 0.43 \end{pmatrix}$

이 예에서는 실제로는 6쌍의 고유값과 고유벡터가 구해진다. 그러나 이 이후에 대해서는 전혀 언급되지 않으므로 세 번째 큰 고유값과 고유벡터 다음은 특별히 구하지 않는다.

Step12 최대에서 세 번째로 큰 이후의 고유값을 0이라고 보면 아래의 관계가 성립하는 것을 머릿속에서 확인한다.

$$\begin{pmatrix} 0.68 & 0.65 & 0.80 & 0.11 & 0.01 & 0.14 \\ 0.65 & 0.88 & 0.89 & 0.02 & 0.19 & 0.01 \\ 0.80 & 0.89 & 0.91 & 0.02 & 0.04 & 0.10 \\ 0.11 & 0.02 & 0.02 & 0.81 & 0.82 & 0.77 \\ 0.01 & 0.19 & 0.04 & 0.82 & 0.81 & 0.64 \\ 0.14 & 0.01 & 0.10 & 0.77 & 0.64 & 0.66 \end{pmatrix}$$

$$\begin{pmatrix} \sqrt{2.55}\times 0.43 & \sqrt{2.11}\times(-0.28) \\ \sqrt{2.55}\times 0.48 & \sqrt{2.11}\times(-0.34) \\ \sqrt{2.55}\times 0.50 & \sqrt{2.11}\times(-0.38) \\ \sqrt{2.55}\times 0.34 & \sqrt{2.11}\times 0.51 \\ \sqrt{2.55}\times 0.34 & \sqrt{2.11}\times 0.47 \\ \sqrt{2.55}\times 0.32 & \sqrt{2.11}\times 0.43 \end{pmatrix} \begin{pmatrix} \sqrt{2.55}\times 0.43 & \sqrt{2.55}\times 0.48 & \sqrt{2.55}\times 0.50 & \sqrt{2.55}\times 0.34 & \sqrt{2.55}\times 0.34 & \sqrt{2.55}\times 0.32 \\ \sqrt{2.11}\times(-0.28) & \sqrt{2.11}\times(-0.34) & \sqrt{2.11}\times(-0.38) & \sqrt{2.11}\times 0.51 & \sqrt{2.11}\times 0.47 & \sqrt{2.11}\times 0.43 \end{pmatrix}$$

76~78페이지를 참고하라.

$$= \begin{pmatrix} 0.64 & 0.72 & 0.77 & 0.07 & 0.10 & 0.10 \\ 0.72 & 0.83 & 0.88 & 0.05 & 0.08 & 0.08 \\ 0.77 & 0.88 & 0.94 & 0.03 & 0.06 & 0.06 \\ 0.07 & 0.05 & 0.03 & 0.85 & 0.81 & 0.74 \\ 0.10 & 0.08 & 0.06 & 0.81 & 0.77 & 0.70 \\ 0.10 & 0.08 & 0.06 & 0.74 & 0.70 & 0.64 \end{pmatrix}$$

Step13 Step11의 행렬에서 오른쪽 밑으로 기우는 대각선상의 값을 Step12의 행렬에서 오른쪽 밑으로 기우는 대각선상의 값과 바꾸어 놓는다.

$$\begin{pmatrix} 0.64 & 0.65 & 0.80 & 0.11 & 0.01 & 0.14 \\ 0.65 & 0.83 & 0.89 & 0.02 & 0.19 & 0.01 \\ 0.80 & 0.89 & 0.94 & 0.02 & 0.04 & 0.10 \\ 0.11 & 0.02 & 0.02 & 0.85 & 0.82 & 0.77 \\ 0.01 & 0.19 & 0.04 & 0.82 & 0.77 & 0.64 \\ 0.14 & 0.01 & 0.10 & 0.77 & 0.64 & 0.64 \end{pmatrix}$$

0.68 0.88 0.91 0.81 0.81 0.66

Step14

$$\begin{pmatrix} 0.64 & 0.65 & 0.80 & 0.11 & 0.01 & 0.14 \\ 0.65 & 0.83 & 0.89 & 0.02 & 0.19 & 0.01 \\ 0.80 & 0.89 & 0.94 & 0.02 & 0.04 & 0.10 \\ 0.11 & 0.02 & 0.02 & 0.85 & 0.82 & 0.77 \\ 0.01 & 0.19 & 0.04 & 0.82 & 0.77 & 0.64 \\ 0.14 & 0.01 & 0.10 & 0.77 & 0.64 & 0.64 \end{pmatrix} \begin{pmatrix} t_1 \\ t_2 \\ t_3 \\ t_4 \\ t_5 \\ t_6 \end{pmatrix} = \lambda \begin{pmatrix} t_1 \\ t_2 \\ t_3 \\ t_4 \\ t_5 \\ t_6 \end{pmatrix}$$ 를 만족하는 고유값 λ와 고유벡터 $\begin{pmatrix} t_1 \\ t_2 \\ t_3 \\ t_4 \\ t_5 \\ t_6 \end{pmatrix}$를

구한다. 고유벡터는 $t_1^2 + t_2^2 + t_3^2 + t_4^2 + t_5^2 + t_6^2 = 1$ 이 성립되도록 한다.

데이터 분석용 소프트웨어에서 구해야 하는 것은 아래와 같다.

고유값 λ	고유벡터 $\begin{pmatrix} t_1 \\ t_2 \\ t_3 \\ t_4 \\ t_5 \\ t_6 \end{pmatrix}$
2.54	$\begin{pmatrix} 0.42 \\ 0.47 \\ 0.50 \\ 0.36 \\ 0.35 \\ 0.32 \end{pmatrix}$
2.11	$\begin{pmatrix} -0.28 \\ -0.34 \\ -0.40 \\ 0.52 \\ 0.46 \\ 0.42 \end{pmatrix}$

바꿔 놓은 행렬로 다시 고유값과 고유벡터를 구하는 거구나!

Step15 Step12에서 행렬의 오른쪽 아래로 기울어진 대각선 상의 임의의 값이, 즉 임의의 공통성 $1-d_i^2$의 값이 1을 넘기기까지 Step12에서 Step14까지를 계속 반복하여,

마지막 반복에서 $\begin{pmatrix} \sqrt{\lambda_1} \times t_{11} & \sqrt{\lambda_2} \times t_{12} \\ \sqrt{\lambda_1} \times t_{21} & \sqrt{\lambda_2} \times t_{22} \\ \sqrt{\lambda_1} \times t_{31} & \sqrt{\lambda_2} \times t_{32} \\ \sqrt{\lambda_1} \times t_{41} & \sqrt{\lambda_2} \times t_{42} \\ \sqrt{\lambda_1} \times t_{51} & \sqrt{\lambda_2} \times t_{52} \\ \sqrt{\lambda_1} \times t_{61} & \sqrt{\lambda_2} \times t_{62} \end{pmatrix}$ 를 $\begin{pmatrix} a_{11} & a_{12} \\ a_{21} & a_{22} \\ a_{31} & a_{32} \\ a_{41} & a_{42} \\ a_{51} & a_{52} \\ a_{61} & a_{62} \end{pmatrix}$ 로 해석한다.

이 예에서는 앞 페이지의 결과를 토대로 Step12에서 Step14까지를 다시 한 번 실행하면, 그 다음 회에서 공통성 $1-d_i^2$의 값이 1을 넘는다. 따라서 앞 페이지의

$\begin{pmatrix} \sqrt{2.54} \times 0.42 & \sqrt{2.11} \times (-0.28) \\ \sqrt{2.54} \times 0.47 & \sqrt{2.11} \times (-0.34) \\ \sqrt{2.54} \times 0.50 & \sqrt{2.11} \times (-0.40) \\ \sqrt{2.54} \times 0.36 & \sqrt{2.11} \times 0.52 \\ \sqrt{2.54} \times 0.35 & \sqrt{2.11} \times 0.46 \\ \sqrt{2.54} \times 0.32 & \sqrt{2.11} \times 0.42 \end{pmatrix}$ 를 $\begin{pmatrix} a_{11} & a_{12} \\ a_{21} & a_{22} \\ a_{31} & a_{32} \\ a_{41} & a_{42} \\ a_{51} & a_{52} \\ a_{61} & a_{62} \end{pmatrix}$ 로 해석하면, 즉 아래와 같이 해석한다.

$\begin{pmatrix} a_{11} & a_{12} \\ a_{21} & a_{22} \\ a_{31} & a_{32} \\ a_{41} & a_{42} \\ a_{51} & a_{52} \\ a_{61} & a_{62} \end{pmatrix} = \begin{pmatrix} \sqrt{\lambda_1} \times t_{11} & \sqrt{\lambda_2} \times t_{12} \\ \sqrt{\lambda_1} \times t_{21} & \sqrt{\lambda_2} \times t_{22} \\ \sqrt{\lambda_1} \times t_{31} & \sqrt{\lambda_2} \times t_{32} \\ \sqrt{\lambda_1} \times t_{41} & \sqrt{\lambda_2} \times t_{42} \\ \sqrt{\lambda_1} \times t_{51} & \sqrt{\lambda_2} \times t_{52} \\ \sqrt{\lambda_1} \times t_{61} & \sqrt{\lambda_2} \times t_{62} \end{pmatrix} = \begin{pmatrix} \sqrt{2.54} \times 0.42 & \sqrt{2.11} \times (-0.28) \\ \sqrt{2.54} \times 0.47 & \sqrt{2.11} \times (-0.34) \\ \sqrt{2.54} \times 0.50 & \sqrt{2.11} \times (-0.40) \\ \sqrt{2.54} \times 0.36 & \sqrt{2.11} \times 0.52 \\ \sqrt{2.54} \times 0.35 & \sqrt{2.11} \times 0.46 \\ \sqrt{2.54} \times 0.32 & \sqrt{2.11} \times 0.42 \end{pmatrix} = \begin{pmatrix} 0.67 & -0.41 \\ 0.74 & -0.49 \\ 0.80 & -0.57 \\ 0.57 & 0.75 \\ 0.55 & 0.66 \\ 0.51 & 0.60 \end{pmatrix}$

제5장 인자분석

② 회전 후의 인자부하량을 구한다.

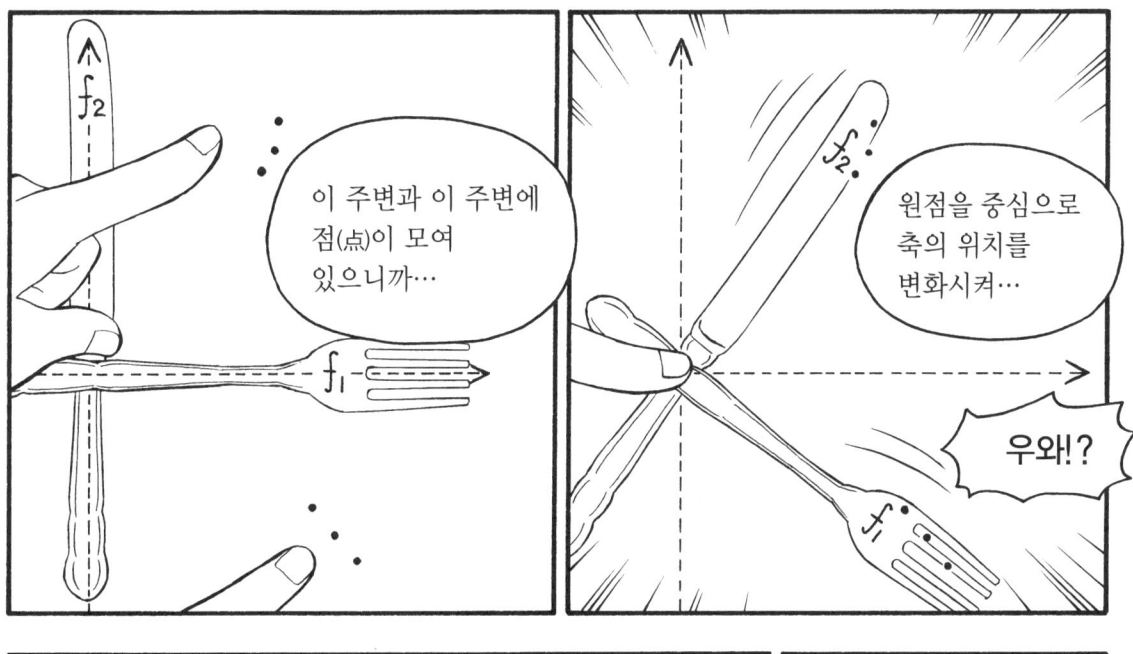

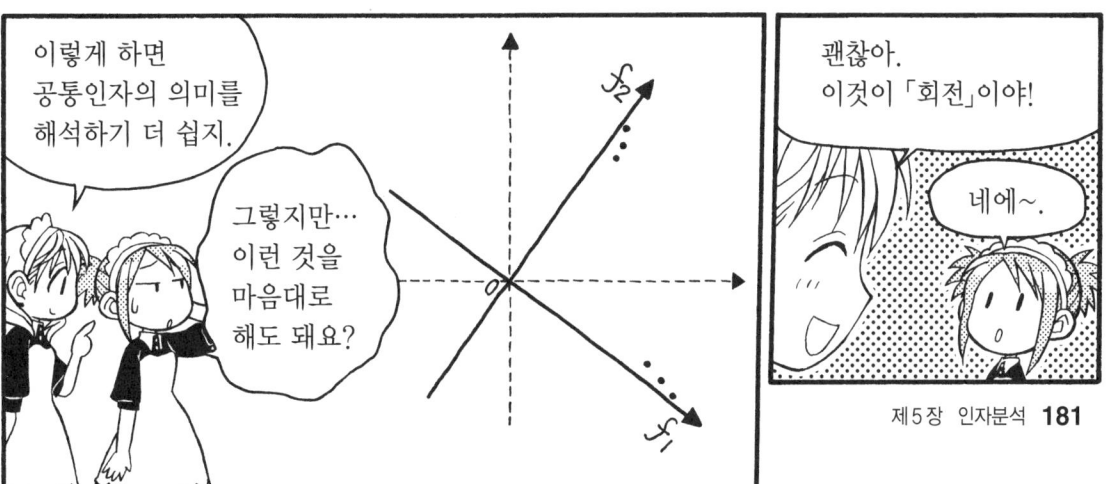

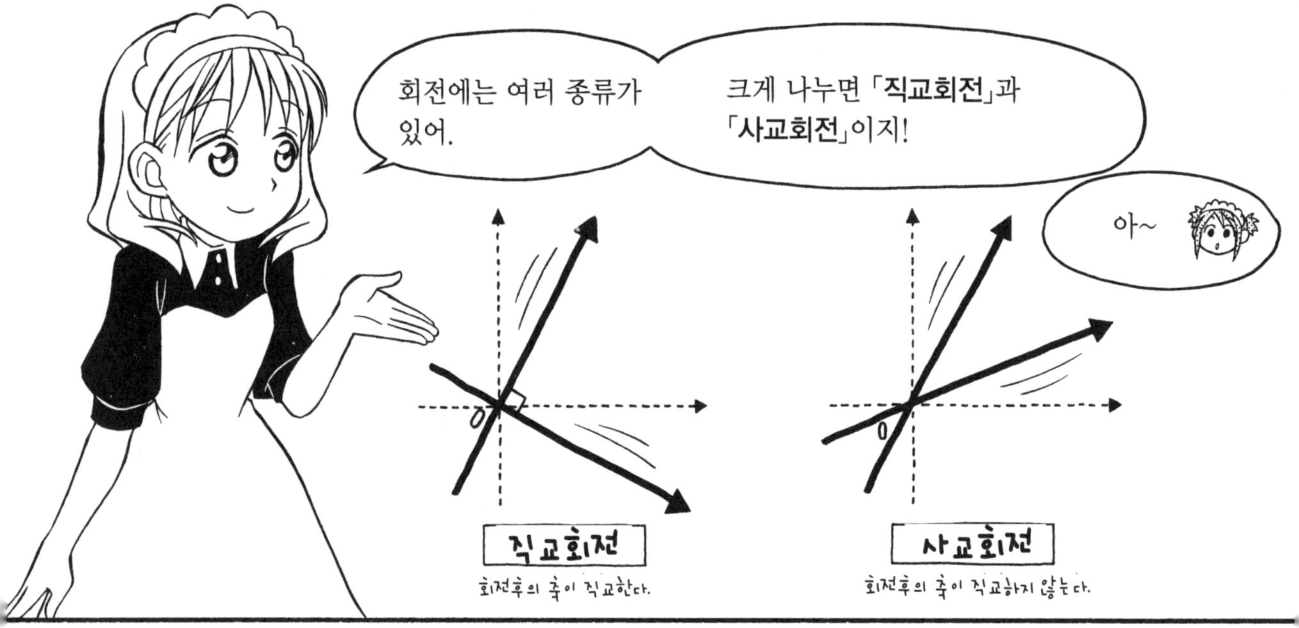

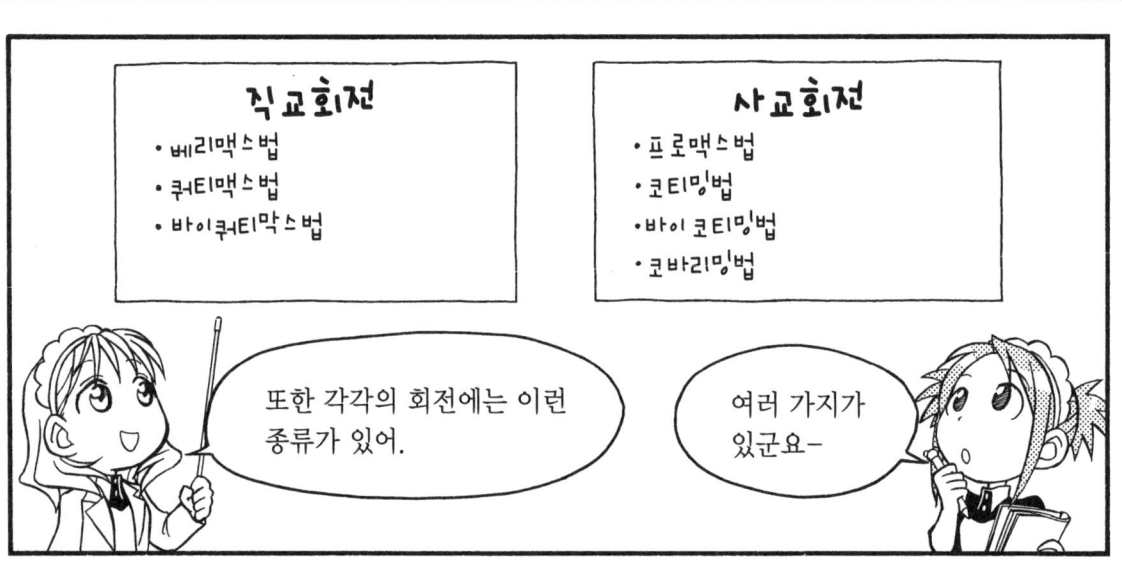

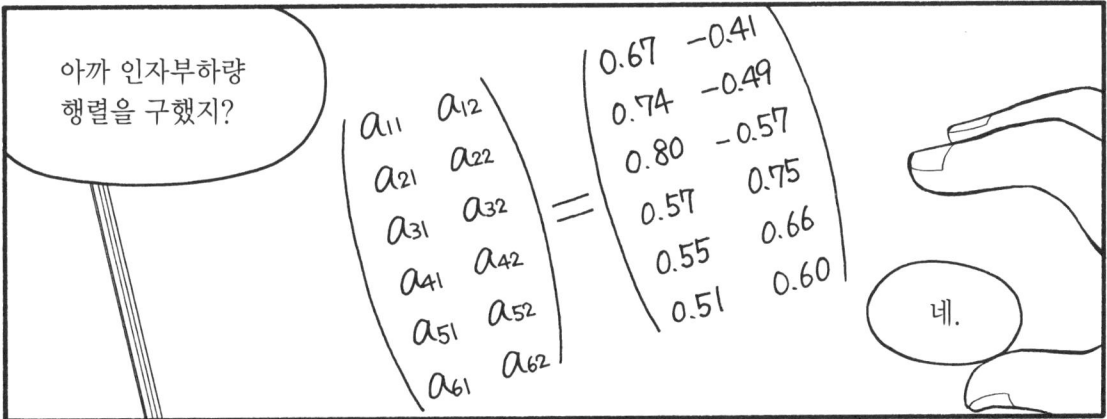

$$\begin{pmatrix} a_{11} & a_{12} \\ a_{21} & a_{22} \\ \vdots & \vdots \\ a_{61} & a_{62} \end{pmatrix} \begin{pmatrix} a_{11} & a_{21} & \cdots & a_{61} \\ a_{12} & a_{22} & \cdots & a_{62} \end{pmatrix}$$

$$= \begin{pmatrix} 0.67 & -0.41 \\ 0.74 & -0.49 \\ \vdots & \vdots \\ 0.51 & 0.60 \end{pmatrix} \begin{pmatrix} 0.67 & 0.74 & \cdots & 0.51 \\ -0.41 & -0.49 & \cdots & 0.60 \end{pmatrix}$$

$$= \begin{pmatrix} 0.67 & -0.41 \\ 0.74 & -0.49 \\ \vdots & \vdots \\ 0.51 & 0.60 \end{pmatrix} \begin{pmatrix} 1 & 0 \\ 0 & 1 \end{pmatrix} \begin{pmatrix} 0.67 & 0.74 & \cdots & 0.51 \\ -0.41 & -0.49 & \cdots & 0.60 \end{pmatrix}$$ ← 77 페이지를 보라.

$$= \begin{pmatrix} 0.67 & -0.41 \\ 0.74 & -0.49 \\ \vdots & \vdots \\ 0.51 & 0.60 \end{pmatrix} \begin{pmatrix} \cos(-\theta) & -\sin(-\theta) \\ \sin(-\theta) & -\cos(-\theta) \end{pmatrix} \begin{pmatrix} \cos\theta & -\sin\theta \\ \sin\theta & -\cos\theta \end{pmatrix} \begin{pmatrix} 0.67 & 0.74 & \cdots & 0.51 \\ -0.41 & -0.49 & \cdots & 0.60 \end{pmatrix}$$ ← 80 페이지를 보라.

$$= \left\{ \begin{pmatrix} 0.67 & -0.41 \\ 0.74 & -0.49 \\ \vdots & \vdots \\ 0.51 & 0.60 \end{pmatrix} \begin{pmatrix} \cos(-\theta) & -\sin(-\theta) \\ \sin(-\theta) & -\cos(-\theta) \end{pmatrix} \right\} \left\{ \begin{pmatrix} \cos\theta & -\sin\theta \\ \sin\theta & -\cos\theta \end{pmatrix} \begin{pmatrix} 0.67 & 0.74 & \cdots & 0.51 \\ -0.41 & -0.49 & \cdots & 0.60 \end{pmatrix} \right\}$$ ← 괄호로 묶는다.

$$= \left\{ \begin{pmatrix} 0.67 & -0.41 \\ 0.74 & -0.49 \\ \vdots & \vdots \\ 0.51 & 0.60 \end{pmatrix} \begin{pmatrix} \cos\theta & \sin\theta \\ -\sin\theta & \cos\theta \end{pmatrix} \right\} \left\{ \begin{pmatrix} \cos\theta & -\sin\theta \\ \sin\theta & \cos\theta \end{pmatrix} \begin{pmatrix} 0.67 & 0.74 & \cdots & 0.51 \\ -0.41 & -0.49 & \cdots & 0.60 \end{pmatrix} \right\}$$ ← 해석은 생략하나, $\begin{cases} \cos(-\theta) = \cos\theta \\ \sin(-\theta) = -\sin\theta \end{cases}$ 이다.

$$= \begin{pmatrix} 0.67\times\cos\theta-(-0.41)\times\sin\theta & 0.67\times\sin\theta+(-0.41)\times\cos\theta \\ 0.74\times\cos\theta-(-0.49)\times\sin\theta & 0.74\times\sin\theta+(-0.49)\times\cos\theta \\ \vdots & \vdots \\ 0.51\times\cos\theta-\ 0.60\ \times\sin\theta & 0.51\times\sin\theta+\ 0.60\ \times\cos\theta \end{pmatrix} \begin{pmatrix} 0.67\times\cos\theta-(-0.41)\times\sin\theta & 0.74\times\cos\theta-(-0.49)\times\sin\theta & \cdots & 0.51\times\cos\theta-0.60\times\sin\theta \\ 0.67\times\sin\theta+(-0.41)\times\cos\theta & 0.74\times\sin\theta+(-0.49)\times\cos\theta & \cdots & 0.51\times\sin\theta+0.60\times\cos\theta \end{pmatrix}$$

$$= \begin{pmatrix} b_{11} & b_{12} \\ b_{21} & b_{22} \\ \vdots & \vdots \\ b_{61} & b_{62} \end{pmatrix} \begin{pmatrix} b_{11} & b_{21} & \cdots & b_{61} \\ b_{12} & b_{22} & \cdots & b_{62} \end{pmatrix}$$

보기 쉽게 하기 위해
$$\begin{pmatrix} 0.67\times\cos\theta-(-0.41)\times\sin\theta & 0.67\times\sin\theta+(-0.41)\times\cos\theta \\ 0.74\times\cos\theta-(-0.49)\times\sin\theta & 0.74\times\sin\theta+(-0.49)\times\cos\theta \\ \vdots & \vdots \\ 0.51\times\cos\theta-\ 0.60\ \times\sin\theta & 0.51\times\sin\theta+\ 0.60\ \times\cos\theta \end{pmatrix}$$ 는
$$\begin{pmatrix} b_{11} & b_{12} \\ b_{21} & b_{22} \\ \vdots & \vdots \\ b_{61} & b_{62} \end{pmatrix}$$ 로 두었다.

응 그렇구나^^

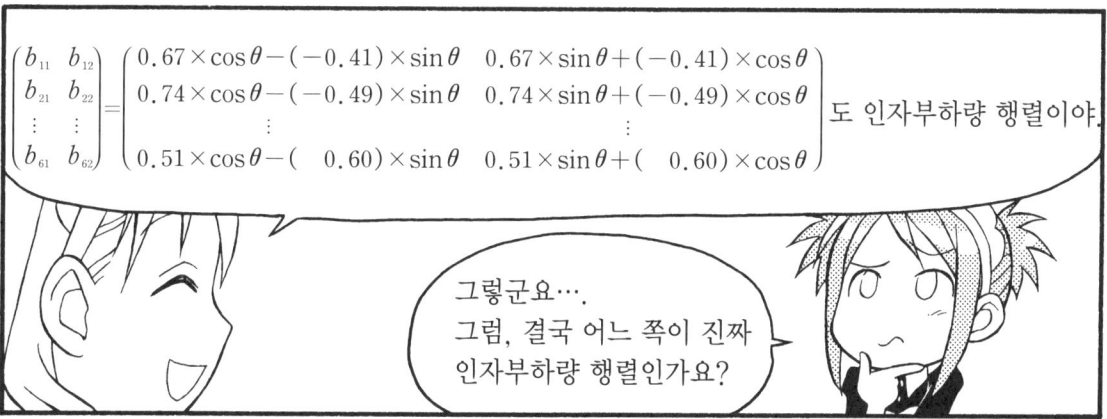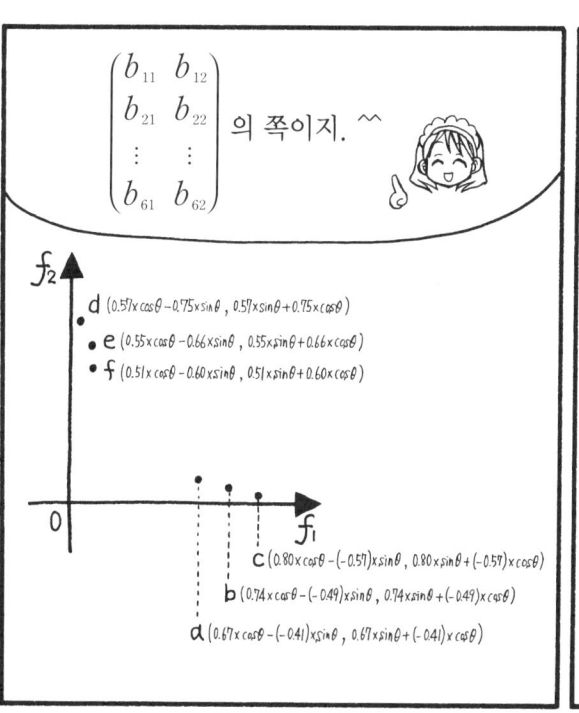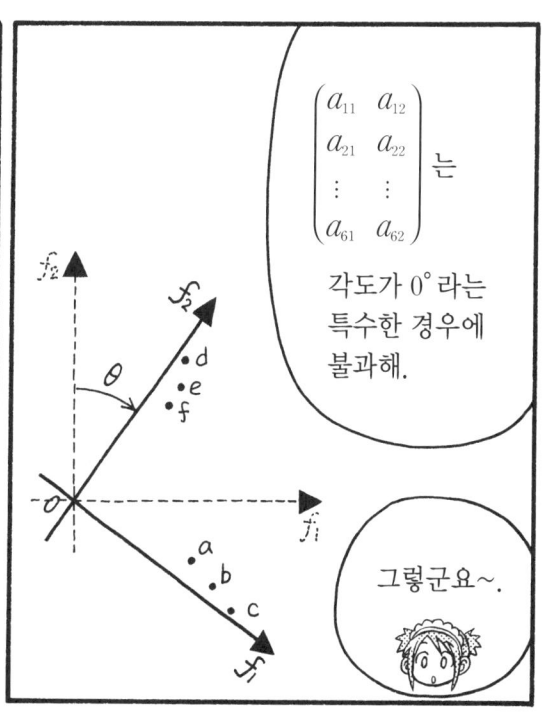

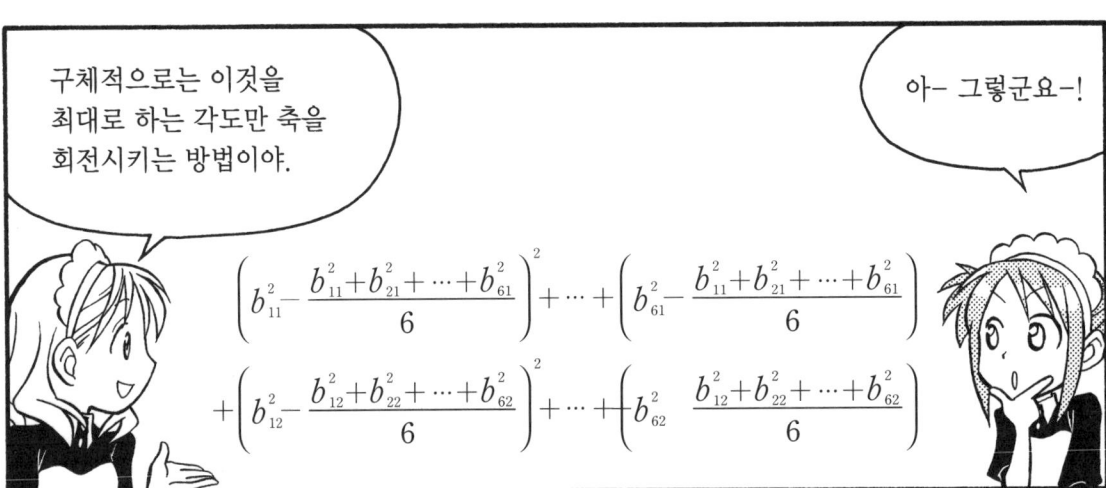

$$\left(\frac{b_{11}^2}{b_{11}^2+b_{12}^2}-\frac{\frac{b_{11}^2}{b_{11}^2+b_{12}^2}+\cdots+\frac{b_{61}^2}{b_{61}^2+b_{62}^2}}{6}\right)^2+\cdots+\left(\frac{b_{61}^2}{b_{61}^2+b_{62}^2}-\frac{\frac{b_{11}^2}{b_{11}^2+b_{12}^2}+\cdots+\frac{b_{61}^2}{b_{61}^2+b_{62}^2}}{6}\right)^2$$

$$+\left(\frac{b_{12}^2}{b_{11}^2+b_{12}^2}-\frac{\frac{b_{12}^2}{b_{11}^2+b_{12}^2}+\cdots+\frac{b_{62}^2}{b_{61}^2+b_{62}^2}}{6}\right)^2+\cdots+\left(\frac{b_{62}^2}{b_{61}^2+b_{62}^2}-\frac{\frac{b_{12}^2}{b_{11}^2+b_{12}^2}+\cdots+\frac{b_{62}^2}{b_{61}^2+b_{62}^2}}{6}\right)^2$$

공통성 $1-d_1^2$ $(=h_1^2=a+a_{12}^2)$ ……… 공통성 $1-d_6^2$ $(=h_{61}^2=a+a_{62}^2)$

표준화 베리맥스법은 이것을 최대로 한 각도만 축을 회전시키는 방법이지!

우와~~ 대단한 식이네!!

매우 복잡하니까 계산 과정은 생략하지만, 결과는 이렇게 되는 거야.

이 데이터에서는 $-36°$ 회전시키면, 의미를 최대한 쉽게 해석할 수 있지.

우와! 이것이 회전 후의 인자부하량 행렬이군요.

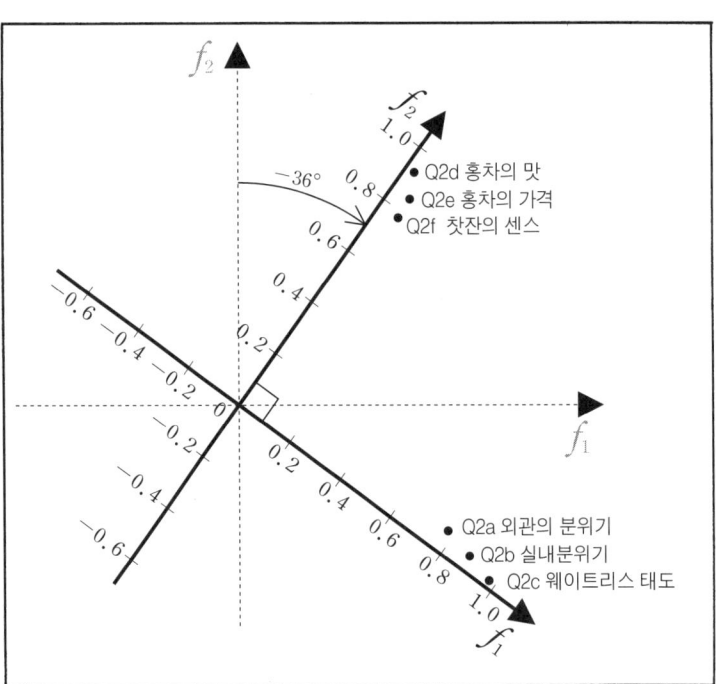

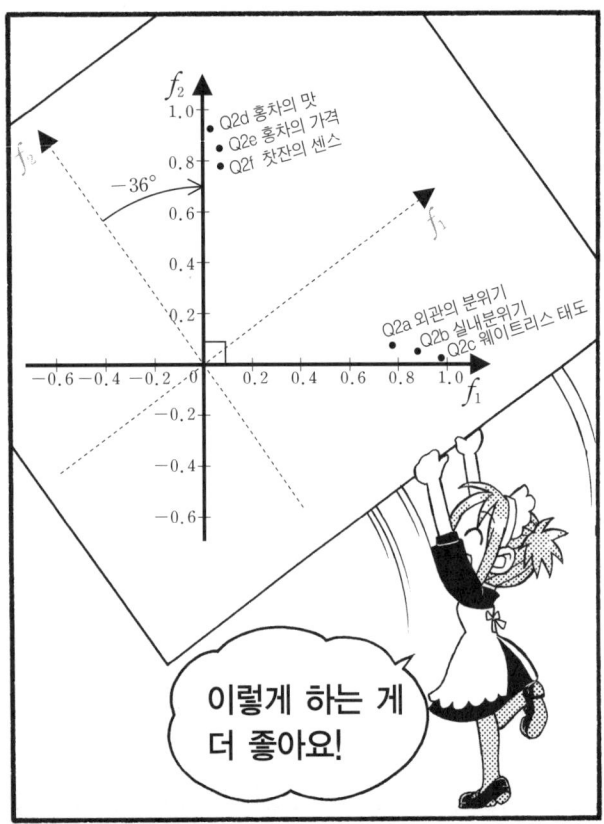

Step1	제1공통인자 제2공통인자	만으로 회전한다.
Step2	제1공통인자 제2공통인자	만으로 회전한다.
Step3	제1공통인자 제2공통인자	만으로 회전한다.
Step4	제1공통인자 제2공통인자	만으로 회전한다.
Step5	제1공통인자 제2공통인자	만으로 회전한다.
Step6	제1공통인자 제2공통인자	만으로 회전한다.

덧붙여서 공통인자의 개수를 「4개」라고 가정한 경우는 이렇게 임의의 2축마다 회전시키는 거야.

그렇구나~!

③ 각 공통인자의 의미를 해석한다.

	제1공통인자	제2공통인자
Q1a 외관분위기	0.78	0.07
Q1b 실내분위기	0.89	0.04
Q1c 웨이트리스 태도	0.99	0.01
Q1d 홍차의 맛	0.01	0.94
Q1e 홍차의 가격	0.05	0.86
Q1f 찻잔의 센스	0.06	0.79

제5장 인자분석

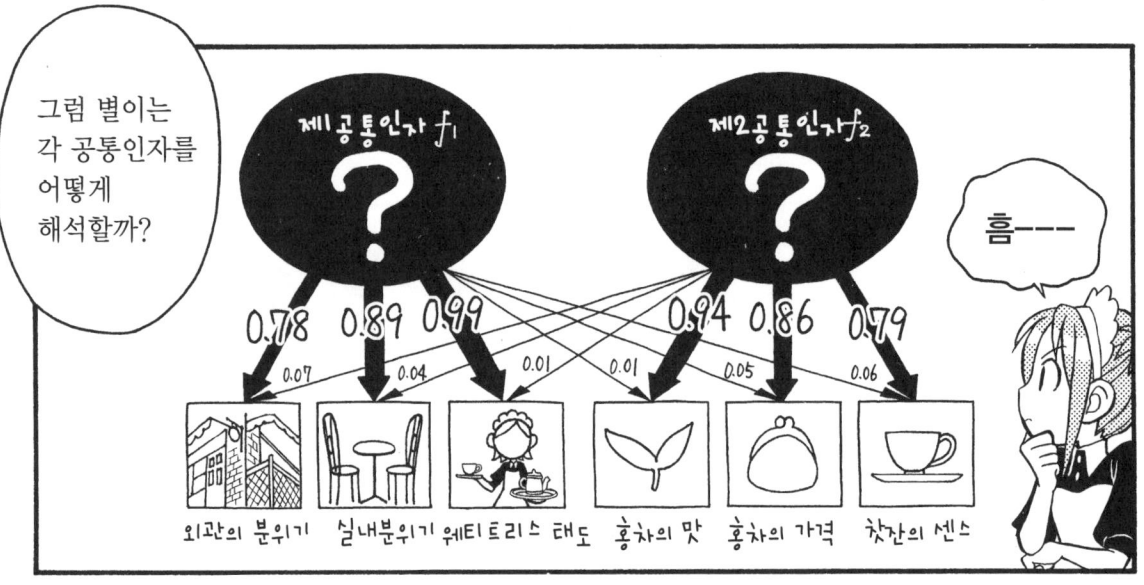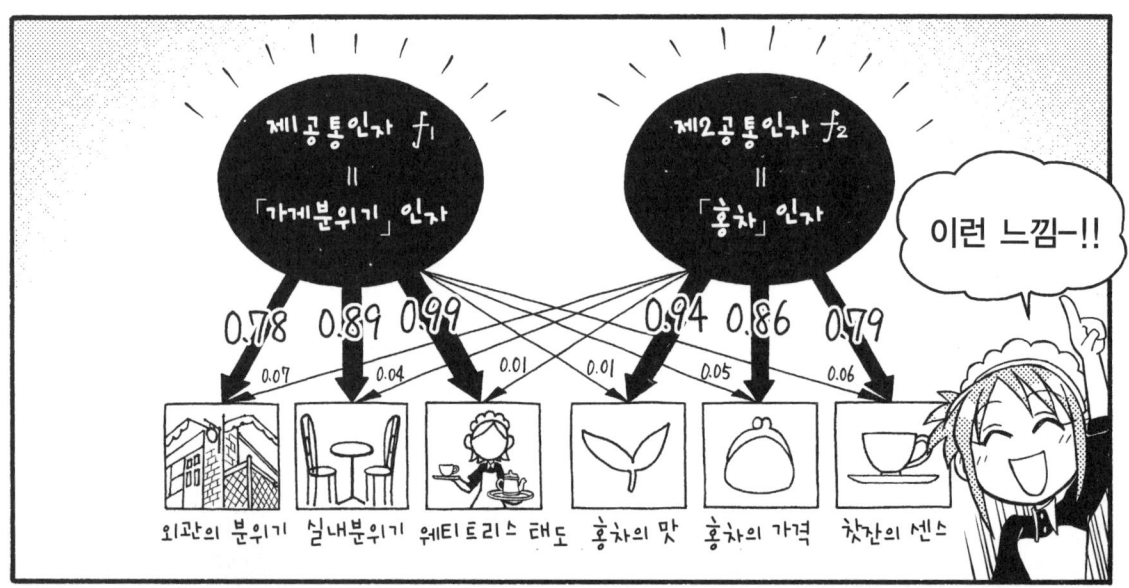

④ 분석 결과의 정도를 확인한다.

p개의 변수에서 상관행렬 고유값 전부의 합계는 p였다는 거 기억해?
기억하고 있어요--.
1변수당 고유값의 몫은 1이잖아요?
고유값
첫째
둘째
p째
합계 p개
말 그대로야!^^
그럼, 인자분석이 잘 되었는지는 주성분분석과 같은 방법으로 분석하고, 누적기여율의 크기로 판단하는 거야.
흠~
그런데 주성분분석과는 기여율의 정의가 달라.
스 슥
지금의 예로 말하면 「제i공통인자의 기여율」은 이거야.
히얏~
인자부하량을 사용하는구나.
제 i 공통인자의 기여율 $= \frac{b_{1i}^2+b_{2i}^2+b_{3i}^2+b_{4i}^2+b_{5i}^2+b_{6i}^2}{6} \times 100$

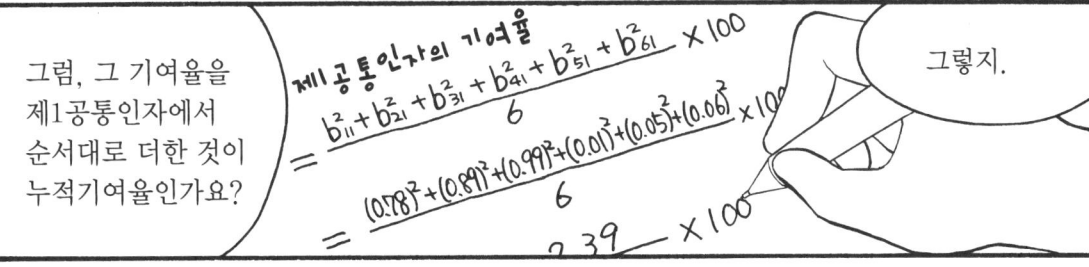

⑤ 인자점수를 구하여, 각 개체의 특징을 파악한다

이렇게 변수마다 표준화했던 건 기억해?

인자분석 계산을 처음했을 때 했었죠. ^^

여기서, 회귀법에 따른 인자점수의 계산방법의 이미지를 한 마디로 표현하면 이런 느낌이야.

흠…?

	Q1a의 기준값 u_1	…	Q1f의 기준값 u_6
A	1.2	…	−0.9
⋮	⋮		⋮
O	−1.2	…	0.6

A의 제1공통인자 득점	$f_{A1} = w_{11} \times 1.2 + \cdots + w_{61} \times (-0.9)$
B의 제1공통인자 득점	$f_{O1} = w_{12} \times (-1.2) + \cdots + w_{61} \times (-0.9)$

변수마다 표준화된 데이터
(163페이지 참조)

상관행렬의 역행렬
(174페이지 참조)

회전후의 인자부하량행렬
(187페이지 참조)

$$\begin{pmatrix} f_{A1} & f_{A2} \\ f_{B1} & f_{B2} \\ f_{C1} & f_{C2} \\ f_{D1} & f_{D2} \\ f_{E1} & f_{E2} \\ f_{F1} & f_{F2} \\ f_{G1} & f_{G2} \\ f_{H1} & f_{H2} \\ f_{I1} & f_{I2} \\ f_{J1} & f_{J2} \\ f_{K1} & f_{K2} \\ f_{L1} & f_{L2} \\ f_{M1} & f_{M2} \\ f_{N1} & f_{N2} \\ f_{O1} & f_{O2} \end{pmatrix} = \begin{pmatrix} 1.2 & 1.6 & 1.3 & 0.4 & 0.5 & -0.9 \\ 1.2 & 0.8 & 1.3 & -1.2 & -1.0 & -0.9 \\ 0.4 & 0.8 & 0.3 & 0.4 & 0.5 & 0.6 \\ -1.2 & 0.1 & 0.3 & -0.4 & -0.3 & -0.1 \\ -0.4 & 0.1 & -0.6 & -0.4 & 0.5 & -1.6 \\ 1.2 & 0.8 & 1.3 & -0.4 & -1.0 & -0.1 \\ 1.2 & 1.6 & 1.3 & 0.4 & 1.3 & 1.3 \\ -0.4 & -1.5 & -1.6 & 1.3 & 0.5 & 0.6 \\ 0.4 & -1.5 & -0.6 & -0.4 & -1.0 & -0.1 \\ -2.0 & -0.7 & -1.6 & -1.2 & -1.0 & -0.9 \\ -0.4 & -0.7 & -0.6 & -2.1 & -1.8 & -1.6 \\ 0.4 & 0.1 & 0.3 & 0.4 & -0.3 & 0.6 \\ -0.4 & -0.7 & -0.6 & 0.4 & 1.3 & 1.3 \\ 0.4 & 0.1 & 0.3 & 1.3 & 0.5 & 1.3 \\ -1.2 & -0.7 & -0.6 & 1.3 & 1.3 & 0.6 \end{pmatrix} \begin{pmatrix} 1 & 0.65 & 0.80 & 0.11 & 0.01 & 0.14 \\ 0.65 & 1 & 0.89 & 0.02 & 0.19 & 0.01 \\ 0.80 & 0.89 & 1 & 0.02 & 0.04 & 0.10 \\ 0.11 & 0.02 & 0.02 & 1 & 0.82 & 0.77 \\ 0.01 & 0.19 & 0.04 & 0.82 & 1 & 0.64 \\ 0.14 & 0.01 & 0.10 & 0.77 & 0.64 & 1 \end{pmatrix}^{-1} \begin{pmatrix} 0.78 & 0.07 \\ 0.89 & 0.04 \\ 0.99 & 0.01 \\ 0.01 & 0.94 \\ 0.05 & 0.86 \\ 0.06 & 0.79 \end{pmatrix}$$

이것이 $\begin{pmatrix} w_{11} & w_{12} \\ w_{21} & w_{22} \\ w_{31} & w_{32} \\ w_{41} & w_{42} \\ w_{51} & w_{52} \\ w_{61} & w_{62} \end{pmatrix}$ 야!

구체적으로는 이렇게 계산하는 거야!

$$= \begin{pmatrix} 1.2 & 1.6 & 1.3 & 0.4 & 0.5 & -0.9 \\ 1.2 & 0.8 & 1.3 & -1.2 & -1.0 & -0.9 \\ 0.4 & 0.8 & 0.3 & 0.4 & 0.5 & 0.6 \\ -1.2 & 0.1 & 0.3 & -0.4 & -0.3 & -0.1 \\ -0.4 & 0.1 & -0.6 & -0.4 & 0.5 & -1.6 \\ 1.2 & 0.8 & 1.3 & -0.4 & -1.0 & -0.1 \\ 1.2 & 1.6 & 1.3 & 0.4 & 1.3 & 1.3 \\ -0.4 & -1.5 & -1.6 & 1.3 & 0.5 & 0.6 \\ 0.4 & -1.5 & -0.6 & -0.4 & -1.0 & -0.1 \\ -2.0 & -0.7 & -1.6 & -1.2 & -1.0 & -0.9 \\ -0.4 & -0.7 & -0.6 & -2.1 & -1.8 & -1.6 \\ 0.4 & 0.1 & 0.3 & 0.4 & -0.3 & 0.6 \\ -0.4 & -0.7 & -0.6 & 0.4 & 1.3 & 1.3 \\ 0.4 & 0.1 & 0.3 & 1.3 & 0.5 & 1.3 \\ -1.2 & -0.7 & -0.6 & 1.3 & 1.3 & 0.6 \end{pmatrix} \begin{pmatrix} -0.014 & -0.024 \\ -0.047 & -0.005 \\ 1.048 & 0.001 \\ -0.001 & 0.611 \\ 0.092 & 0.259 \\ -0.104 & 0.155 \end{pmatrix}$$

우와— 대단한 행렬이네!

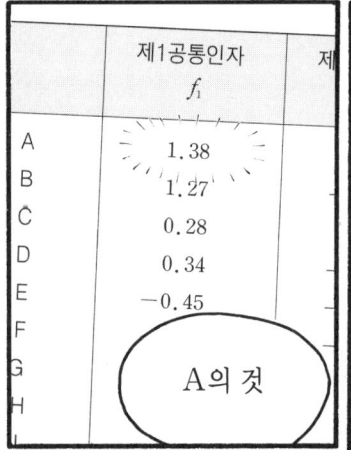

4. 본 장의 예에 대한 표본

본 장의 예에서는 모집단과 표본을

모집단	노른 방문객 모두
표본	미우와 별이가 앙케이트를 실시한 △월△일의 오후 3시부터 4시까지의 방문객 모두

라고 정의하고 있다. 어떻게 생각해도 이 표본은 무작위추출법으로 형성된 것은 아니다. 미우와 별이의 판단에 따른 유의추출법으로 형성된 표본이다.

「표본이 "모집단의 정교한 축소판"으로 되어 있지 않는 한 의미가 없다.」라고 제1장에서 해설했음에도 불구하고, 모순된 예를 본서의 핵심 내용인 인자분석 해설에 넣다니 무언가 불합리하다고 생각할 독자도 꽤 있을 것이다.

대단히 미안한 일이다. 하지만 눈 먼 도둑 같다고 생각되겠지만, 마케팅 등에서 데이터를 분석할 때에는 이러한 사태를 피할 방도가 없다. 그렇지 않으면, 인자분석은 물론이고, 다른 분석도 거의 할 수 없다.

「사실은 유의추출법에 의해 형성된 표본이지만, 마치 무작위추출법에 의해 형성된 표본인 것처럼 가정해서 분석한다.」라는 것은 정말 어처구니 없는 표본이 아니라면, 사전에 양해를 구할 경우, 실무에서는 허용이 된다고 필자는 생각한다. 그러나 학술적인 연구에서는 그렇게 해서는 안 된다. 따라서 실무에서는 어느 정도까지 허용이 될지를 생각하면서 표본을 형성하도록 주의해야 한다.

5. 주의점의 보충

147~157페이지까지 기술한 인자분석의 주의점을 아래에 정리했다.

주의점 1	각 공통인자의 의미는 우선 분석을 할 수 있는 만큼 한 후에, 분석자가 "주관적"으로 해석한다.
주의점 2	각 공통인자는 주성분분석의 각 주성분과는 다르기 때문에 동등한 취급을 받는다.
주의점 3	인자분석의 계산은 공통인자의 개수를 분석자가 분석 "전"에 가정해 두지 않으면 안 된다.
주의점 4	같은 데이터를 분석하고 있음에도, 공통인자를 여러 개로 가정하여도 분석결과가 납득될 수 있다. 그 경우에는 분석자가 선호하는 것을 「최종적인 분석결과」로 생각하면 된다.
주의점 5	계산방법에도 있으나, 인자분석에서는 수많은 공통인자가 숨어 있는 것이 사실이라고 해도 최대 목적변수의 개수까지만 공통인자를 발견할 수 있다.
주의점 6	(그림이 지면을 크게 차지하므로 생략)　　　※151페이지 참조
주의점 7	인자분석의 계산은 분석대상의 데이터를 변수마다 기준화한 다음에 한다
주의점 8	(식과 그림이 지면을 크게 차지하므로 생략)　　※153페이지 참조
주의점 9	사실 인자분석은 분석자 자신도 생각하지 않았던 공통인자가 자동적으로 나타나는 마법과 같은 분석방법이 아니다.
주의점 10	인자분석은 인자부하량의 값을 확인하기 위한 분석방법이다.

다음은 몇 가지 보충을 하고 싶은 것들이다.

주의점 1의 보충
특별히 보충할 것이 없음.

주의점 2의 보충
특별히 보충할 것이 없음.

주의점 3의 보충
인자분석의 계산에서는 특별히 이상한 곳은 없지만, 공통인자의 개수를 분석자가 분석 "전"에 가정해 두지 않으면 안 된다.

일반적으로 가정하는 개수의 수학적인 기준이 있기는 하다. 그 중 하나가 149페이지에서 기술한「상관행렬에서 값이 1 이상인 고유값의 개수」이다. 이 외에도「고유값을 큰 순으로 나열한 꺽은 그래프인 **스크리도(Scree plot)**에서 형상이 완만해지기 직전의 고유값의 개수」등이 있다.

인자분석을 해설하는 대부분의 서적에서는 앞에서 기술한 내용이 거의 들어 있다. 그러나 필자는 고작 그러한 "기준" 때문에「고유값의 개수」나 "수학적"인 이야기를 꺼내는 것에는 회의적이다.

따라서 그렇게 어렵게 생각하지 말고, 149페이지에서 기술한 것처럼, 공통인자의 개수를 여러 가지로 가정해서 단서를 몇 패턴이든 분석해 보는 것이 현실적일 것이다.

주의점 4의 보충

먼저 기술한 주의점 3보다 이 주의점 4가 더 중요하다.

분석자가 좋아하는 것을「최종적인 분석결과」로 생각하는 것에 대해「그래도 될까?」라고 생각하는 독자가 있을지도 모르겠다.

사실은, 아래의 것을「최종적인 분석결과」라고 보아도 된다는 생각이 일반적이기는 하다.

- 「상관행렬에서 값이 1 이상인 고유값의 개수」를 공통인자의 개수로 한 경우의 분석결과
- 「스크리도에서 형상이 완만해지기 직전의 고유값의 개수」를 공통인자의 개수로 한 경우의 분석결과
- 「누적기여율의 값이 어느 정도의 크기[1]가 되는 개수」를 공통인자의 개수로 한 경우의 분석결과
- 「적합도 검증[2]에서 유의하지 않은 개수」를 공통인자의 개수로 한 경우의 분석결과
- 「적합도 지표[3]의 값이 가장 좋은 개수」를 공통인자의 개수로 한 경우의 분석결과

그러나 적어도 필자의 경험에는 이것들은 크게 기대할 바가 못 된다. 즉, 아래와 같은 상황은 별로 기대하기 어렵다.

> 공통인자의 개수를 2, 3, 4, …로 여러 가지로 가정해서 단서를 분석해 보았다. 공통인자가 3인 경우 가장 납득이 가는 분석방법이라고 생각했다. 여기서, 상관행렬의 값이 1 이상인 고유값의 개수를 조사해 보았다. 세 가지였다.

분석자가 좋아하는 것을「최종적인 분석결과」로 생각하는 것이 좋다는 것은 필자의 과장일 수도 있다고 해도, 정확한 방법은 지금 기술한 것처럼 확실하지는 않다. 결국은 분석자의 판단에 맡겨지는 것이다.

주의점 5의 보충

적어도 베리맥스법이 프로맥스법에 따른 회전을 범위에 넣어 인자분석을 실행하는 경우에는 사실상 가정할 수 있는 공통인자의 개수에 상한이 있다.
나중에 자세히 기술할 것이다.

주의점 6의 보충

특별히 보충할 것이 없음.

주의점 7의 보충

특별히 보충할 것이 없음.

주의점 8의 보충

제4장의 앞부분에서 기술한 것처럼 주성분분석과 인자분석은 다른 분석방법이다. 그럼에도, 아마 주성분분석과 인자분석을 동일시하는 소프트웨어가 있기 때문에 두 가지를 같은 것이라고 오해하는 사람도 많다. 146페이지의 그림을 보라. 어떻게 생각해도「주성분분석＝인자분석」이 아닌 것을 알 수 있다.

주의점 9의 보충

156페이지에서 기술한 것처럼, 인자분석은「이것들의 목적변수 배후에는 이러한 공통인자가 숨어 있는 것은 아닌가?」라는 가설을 어느 정도 세운 후에 하지 않으면 잘 되지 않는다. 바꿔 말하면, 가설을 나름대로 잘 세우면, 분석자가 의도하는 결과가 나올 가능성이 그만큼 높아진다. 사실 인자분석은 이른바「다 끝난 경기」[4]에 대한 분석방법이다.

---

1 필자는「어느 정도의 크기」를「50%」로 생각하고 있다.
2 「적합도 검증」에 대해서는 나중에 기술한다.
3 「적합도 지표」는 본 책에서는 해설하지 않는다.
4 「짜고 치는 고스톱」이라고까지 말하면 조금 이상할지도 모르지만, 어쨌든 분석자가 기대하는 분석결과가 나오도록 분석자 자신이 작용을 한다. 그것이 인자분석의 실체이다.

인자분석을 시행하려면 조사표의 질문을 상당히 준비할 필요가 있다. 아니, 상당히 준비했다고 해도「이게 뭐야?」라는 결과가 나올 가능성이 있는, 좀처럼 방심할 수 없는 분석방법이다.「저번에 했던 설문조사의 데이터가 근처에 있어서 그것으로 시험해 보자.」라는 정도의 생각으로는 인자분석은 절대 잘 되지 않는다.

주의점 10의 보충

일반적으로 인자분석은
- 목적변수 간의 상관관계를 소수의 공통인자에 의해 설명하기 위한 분석방법
- 배후에 숨은 공통인자를 발견하기 위한 분석방법

이라는 정도에서 정의되는 것이 아닌가 생각된다. 필자는 둘 중 어느 쪽의 정의에도 딱히 동의하기 어렵다. 우선 전자에 대해 말하자면, 확실히 수학적으로는 타당한 정의라고 생각하지만, 상당히「예리한 눈을 가진 사람」이 아닌 이상, 이 정의를 태어나서 처음 듣고「그렇구나.」라고 이해하는 것은 거의 불가능하기 때문이다. 다음으로 후자에 대해 말한다면, 주의점 9에서 기술한 것처럼, 인자분석은「다 끝난 경기」에 대한 분석방법이므로, 이 정의는 명백히 맞지 않기 때문이다. 다만, 직감적으로는 정말 알기 쉬운 정의이므로 인자분석을 이제부터 배우려는 사람의「첫걸음」으로서 나쁘지 않다고 생각한다.

필자는 인자분석의 정의를「인자부하량의 값을 확인하기 위한 분석방법」이라고 생각한다. 혹시「그것이 오히려 **검증적인 인자분석**[5]의 정의가 아닐까?」라고 궁금해 할 독자가 있을지도 모르겠다. 하지만 이것은 오해이다. 필자는 인자분석을「인자부하량의 값을 "정교하고 치밀하게" 확인하기 위한 분석방법」이라고까지는 정의하고 있지 않다.

---

5 사실 인자분석은 탐색적 인자분석과 검증적 인자분석(확인적 인자분석)으로 크게 나뉜다. 일반적으로「인자분석」이라고 불리는 것은 전자이고, 본서에서 해설하고 있는 것도 전자이다.

6. 인자부하량의 값이 작은 변수의 처리

 인자분석을 하다 보면, 아래의 그림과 같이 어떤 공통인자의 영향도 별로 받지 않는 목적변수를 만나게 되는 일이 종종 있다.

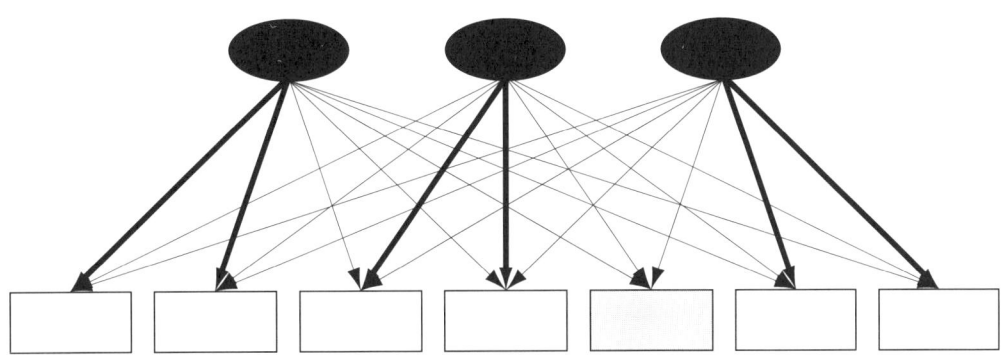

◆그림 5.1 어떤 공통인자의 영향도 크게 받지 않는 목적변수가 존재하는 경우
(인자부하량의 절댓값이 0.5 이상의 것은 굵은 실선으로 표기)

 그러한 경우는
- 그 목적변수를 제외한 후에 다시 인자분석을 한다.
- 그 목적변수를 제외하지 않는 대신에「인자부하량의 절대값이 0.5 이상」이라고 하는 횡선을「0.5 이상 → 0.45 이상 → 0.4 이상 → …」이라는 식으로 낮춰가면서「어떤 공통인자의 영향도 크게 받지 않는 목적변수란 존재하지 않는다.」는 상황을 억지로 만들어 낸다.

에서 하나를 쓸 것을 추천한다. 후자의 경우에「인자부하량의 절대값이 ×× 이상」에서 ××는 통계학적인 근거가 있어서 그런 것은 아니지만, 0.3부터 0.5까지의 값으로 하는 것이 일반적이다.

7. 최우법

7.1 최우법의 개요

가장 잘 알려진 인자부하량 계산방법으로서, 이미 설명한 주인자법 외에 **최우법**이 있다.[6] 이것은 본장의 예로 말하면,

$L=$ 목적변수의 개수 $+\log(X$의 행렬식$)-X$의 우측기울기의 대각선상의 값과 합

$$X = \begin{pmatrix} r_{11} & r_{12} & \cdots & r_{16} \\ r_{21} & r_{22} & \cdots & r_{26} \\ \vdots & \vdots & \ddots & \vdots \\ r_{61} & r_{62} & \cdots & r_{66} \end{pmatrix} \begin{pmatrix} a_{11} & a_{12} \\ a_{21} & a_{22} \\ \vdots & \vdots \\ a_{61} & a_{62} \end{pmatrix} \begin{pmatrix} a_{11} & a_{21} & \cdots & a_{61} \\ a_{12} & a_{22} & \cdots & a_{62} \end{pmatrix} + \begin{pmatrix} d_1^2 & 0 & \cdots & 0 \\ 0 & d_2^2 & \cdots & 0 \\ \vdots & \vdots & \ddots & \vdots \\ 0 & 0 & \cdots & d_6^2 \end{pmatrix}^{-1}$$

$$= \begin{pmatrix} 1 & 0.65 & \cdots & 0.14 \\ 0.65 & 1 & \cdots & 0.01 \\ \vdots & \vdots & \ddots & \vdots \\ 0.14 & 0.01 & \cdots & 1 \end{pmatrix} \begin{pmatrix} a_{11} & a_{12} \\ a_{21} & a_{22} \\ \vdots & \vdots \\ a_{61} & a_{62} \end{pmatrix} \begin{pmatrix} a_{11} & a_{21} & \cdots & a_{61} \\ a_{12} & a_{22} & \cdots & a_{62} \end{pmatrix} + \begin{pmatrix} d_1^2 & 0 & \cdots & 0 \\ 0 & d_2^2 & \cdots & 0 \\ \vdots & \vdots & \ddots & \vdots \\ 0 & 0 & \cdots & d_6^2 \end{pmatrix}^{-1}$$

이 최대가 되는 $\begin{pmatrix} a_{11} & a_{12} \\ a_{21} & a_{22} \\ \vdots & \vdots \\ a_{61} & a_{62} \end{pmatrix}$ 를 답으로 하는 계산방법이다.[7]

최근에는 「주인자법보다는 최우법이 더 좋은 것 같다.」고 알려져 있다. 하지만 이대로 간다면 어쨌든 최우법으로 계산하면 된다는 것 같아 필자는 걱정이다. 최우법을 사용함에 있어서는 모집단의 데이터가 **다변량 정규분포**[8]를 따른다는 것이 전제이다. 이 점을 주의해야 한다.

7.2 적합도 검정

주인자법보다 최우법이 더 좋다는 이유 중의 하나에는 「적합도 검정」이 가능하다는 것이 있다. 「적합도 검정」이란 간단히 말해

---

6 그밖에도 최소제곱법이나 일반화 최소제곱법이라는 계산법도 있다.
7 행렬식은 본서에서는 다루고 있지 않다.
8 다변량 정규분포의 확률밀도함수를 기재한 것은 복잡한 식이기 때문에, 그리고 해설을 위해선 수많은 기호가 여러 번 등장하기 때문에 할애한 것이다. 그 이름대로, 정규분포의 다변량판이라고 생각하면 될 것이다.
9 최우법이 좋다는 다른 이유로는, 본 책에서는 해설하고 있지 않으나, [적합도 지표]의 값을 구할 수 있어서라는 설명도 있다.

귀무가설	공통 인자의 개수는 m개이다.
대립가설	공통 인자의 개수는 m개가 아니다.

라는 것을 검토하는 검정이다.

「적합도 검정」에서는 유의 수준 α보다도 p값이 작으면, 대립가설은 맞다. 즉, 「공통인자의 개수는 m개가 아니다.」라는 결론을 내리게 된다. p값이 더 크다면 귀무가설은 잘못된 것이 아니다. 즉, 「공통인자의 개수는 m개일 수도 있고, 아닐 수도 있다고 확대 해석하여 m개 정도로 해 두자.」라는 결론을 내린다.

「적합도 검정」의 매력은 공통인자의 대략적인 개수를 파악하는 데 있다. 그러나 최적의 개수가 자동적으로 밝혀지는 것은 아니므로, 그렇게까지 깔끔한 검정은 아니다.

8. 왜 베리맥스회전법뿐인가?

182페이지에 있는 것처럼 회전에는 여러 종류가 있다. 그러나 어떠한 이유에선지 논문이든 보고서든 베리맥스법만 주로 사용되고 있다.

왜 베리맥스법일까? 필자는 「인자분석」의 역사를 연구하지는 않았기 때문에 자세한 것은 모른다. 다만, 어느 통계학 연구자로부터 몇 년 전에 물은 "회전이라는 것은 베리맥스법이 아닌 다른 방법을 이용하면 주위의 불평을 사지만, 베리맥스법이면 누구에게도 불만을 듣지 않는다."고 한데서, 아래와 같이 되지 않았나 하는 가설을 세우고 있다.

① 베리맥스법에 의한 연구 결과를 발표한 연구자(*비통계학자)가 예전에도 있었다.
② 그 연구 결과를 안 다른 연구자가 「왠지 인자분석은 재미있겠다.」라고 생각하여 자신도 베리맥스법에 의한 연구 결과를 발표했다.
③ 시간이 흘러, ①과 ②에서 나온 연구 결과가 대단한 것이 되었다. 그 결과, 「인자분석의 회전이라 하면 베리맥스법!」이라는 근거 없는 이야기가 확립됐다.
④ 「조금 깊이 생각해 보면, 왜 이 연구든 저 연구든 베리맥스법을 이용할까?」라고 생각한 연구자도 있었을 것이나, 번거로움을 피하기 위해 결국 「인자분석의 회전이라고 하면 베리맥스법!」이라는 흐름이 생겼다.
⑤ 점점 ①과 ②에서 나온 연구 결과가 크게 차지하면서 현재까지 왔다.

그러나 여기서 주의를 부탁한다. 필자는 「베리맥스법은 별로 좋지 않다.」, 「안 된다.」라고 말하는 것은 아니다. 「왜 베리맥스회전법뿐인가?」라는 것을 이야기로 하고 싶은 것이다.
앞으로 기술할 프로맥스법도 조금만 더하면 베리맥스법과 같은 길을 갈 것이라고 생각한다.

9. 인자부하량 행렬과 인자구조 행렬

본절의 내용은 약간 추상적이다. 그래서 「수학에 자신이 없는 독자는 읽지 않고 넘겨도 상관없다.」하지만 본절의 내용을 이해하지 않으면 다음의 내용을 이해할 수 없다는 점을 고려하여 읽어 보면 좋겠다.

180페이지에서도 말한 것처럼, $\begin{pmatrix} a_{11} & a_{12} & \cdots & a_{1m} \\ a_{21} & a_{22} & \cdots & a \\ \vdots & \vdots & \ddots & \vdots \\ a_{p1} & a_{p2} & \cdots & a_{pm} \end{pmatrix}$ 을 인자부하량 행렬이나 인자 패턴 행렬 이라고 한다.

제2공통인자 f_1으로부터 구조변수 p의 인자 부하량

$\begin{pmatrix} r_{1f_1} & r_{1f_2} & \cdots & r_{1f_m} \\ r_{2f_1} & r_{2f_2} & \cdots & r_{2f_m} \\ \vdots & \vdots & \ddots & \vdots \\ r_{pf_1} & \boxed{r_{pf_2}} & \cdots & r_{pf_m} \end{pmatrix}$ 은 인자구조행렬이라고 한다.

제2공통인자 f_1으로부터 구조변수 p의 단순상관계수

직교인자 모델의 경우는 인자부하량행렬과 인자구조행렬이 일치한다. 즉,

$$a_{61} = r_{6f_1}$$

제1공통인자 f_1으로부터 목적변수 6의 인자 부하량   제1공통인자 f_1과 목적변수 6의 단순상관계수

라는 관계가 성립한다. 하지만 사교인자 모델의 경우는 성립하지 않는다.

다음은 주의할 점이다. 아래 표는 160페이지의 데이터와 196페이지의 인자점수의 일부를 적은 것이다.

◆표 5.1 160페이지의 데이터와 196페이지의 인자점수의 일부

	Q1a 외관 분위기	제1공통인자 f_1
A	5	1.38
B	5	1.27
C	4	0.28
D	2	0.34
E	3	−0.45
F	5	1.20
G	5	1.22
H	3	−1.60
I	4	−0.68
J	1	−1.61
K	3	−0.62
L	4	0.24
M	3	−0.64
N	4	0.24
O	2	−0.56

단순상관계수의 값을 보면 0.79가 되어, 187페이지의 인자부하량행렬에 있어서 $b = 0.78$과 일치하지 않는다. 왜냐하면 상표의 인자점수는 「정확한 값」은 아니고 「추정값」이기 때문이다.[10]

---

10 194페이지의 서술에 따르면, 인자점수의 계산법에는 회귀법과 바이트레트법, 앤더슨·루빈법 등이 있다. 이처럼 여러 가지 계산법이 존재한다는 것은, 다시 말해 인자점수의 정확한 값을 구하는 계산법은 존재하지 않다는 것을 의미한다.

10. 프로맥스법

10.1 프로맥스법의 개요

먼저 말한 것처럼, 사교회전에서 가장 중요한 것이 **프로맥스법**이다. 여기서는 프로맥스법은 대충 넘어가고, 아래의 순서는 그 방법이다.

① 프로맥스법에 따르는 회전을 실시한다.
② 「지금까지 경험으로부터 모집단에서의 모습은 반드시 이러한 것과는 다르다.」라고 한다. 말하자면, 「참인자부하량 행렬」을 상정한다. 또한 이 행렬을 일반적으로 목표 행렬이라고 한다.
③ ②에서 상정한 목표 행렬로 되도록 가까워지고자, ①에 있어서의 축을 회전한다.

그런데 모집단의 상황을 모르기 때문에 우리는 더욱 곤란해지게 된다. 물론 앞의 ②에서 말한 목표 행렬 등은 상정할 수도 없다. 여기서 프로맥스법에 따르는 회전을 실시하는데, 본 장의 예로 말하면,

$$C = \begin{pmatrix} c_{11} & c_{12} \\ c_{21} & c_{22} \\ c_{31} & c_{32} \\ c_{41} & c_{42} \\ c_{51} & c_{52} \\ c_{61} & c_{62} \end{pmatrix} = \begin{pmatrix} 0.98599 & 0.00005 \\ 0.99538 & 0.00001 \\ 0.99966 & 0.00000 \\ 0.00000 & 0.99966 \\ 0.00001 & 0.99270 \\ 0.00003 & 0.98987 \end{pmatrix}$$

$$\left| \frac{\sqrt{b_{21}^2 + b_{22}^2}}{b_{22}} \times \frac{b_{22}}{\sqrt{b_{21}^2 + b_{22}^2}} \right|^{K+1} = \left| \frac{\sqrt{0.89^2 + 0.04^2}}{0.04} \times \frac{0.04}{\sqrt{0.89^2 + 0.04^2}} \right|^{4+1} = 0.00001$$

이라는 계산에 의해 구할 수 있는 행렬 C를 목표 행렬로 해석하여 결정한다. 또한 계산과정에서 등장한 b_{11}과 b_{12} 등은 베리맥스법에 따르는 회전을 거친 후의 인자부하량행렬이다.

$$B = \begin{pmatrix} b_{11} & b_{12} \\ b_{21} & b_{22} \\ b_{31} & b_{32} \\ b_{41} & b_{42} \\ b_{51} & b_{52} \\ b_{61} & b_{62} \end{pmatrix} = \begin{pmatrix} 0.78 & 0.07 \\ 0.89 & 0.04 \\ 0.99 & 0.01 \\ 0.01 & 0.94 \\ 0.05 & 0.86 \\ 0.06 & 0.79 \end{pmatrix}$$

의 값을 의미하고 있다. 여기서 K는 분석자 자신이 값을 결정해야 하는 것으로, 여기에서는 4로 했지만, 2나 3이나 4 정도로 하는 것이 일반적이다.

물론 이것이 잘 납득되지 않는 경우도 있을지 모른다. 즉,

- 무슨 근거가 있어 「목표 행렬＝행렬 C」라고 단언할 수 있는지?
- K값을 분석자가 주관적으로 결정해 버린다는 것이 이상하지 않은지?
- 원래 프로맥스법은 사교회전인데, 어째서 직교회전인 베리맥스법에 따르는 회전을 최초로 실행하는지?

라고 느낀 독자가 있을지도 모르겠다. 그러나 여기에는 주의가 필요하다. 발상의 전환이 필요하다. 「목표 행렬＝행렬 C」라고 파악하는 것이 프로맥스법이다. K값을 주관적으로 결정하는 것이 프로맥스법이다. 프로맥스법에 따르는 회전을 최초로 실천하는 것이 프로맥스법이다.

10.2 인자부하량 행렬과 인자상관 행렬과 인자구조 행렬

본장의 예로 말하면, 프로맥스법에 따라 회전을 한 후의 인자부하량 행렬과 **인자상관 행렬**과 인자구조 행렬은 다음 계산으로 구할 수 있다. **인자상관 행렬**이란, 공통인자 상호의 단순상관계수가 기재된 행렬이다.

이하의 해설에서는 수많은 행렬이 등장하기 때문에, 행렬에 「P」나 「Q」라는 이름을 편의적으로 붙이고 있다.

■ 인자부하량 행렬 P

$$P = \begin{pmatrix} 0.78 & 0.07 \\ & \\ 0.06 & 0.79 \end{pmatrix} \begin{pmatrix} 1.11 & -0.05 \\ -0.05 & 1.15 \end{pmatrix} \begin{pmatrix} 0.90 & 0 \\ 0 & 0.88 \end{pmatrix} = \begin{pmatrix} 0.78 & 0.07 \\ 0.89 & 0.04 \\ 0.99 & 0.01 \\ 0.01 & 0.94 \\ 0.05 & 0.86 \\ 0.06 & 0.79 \end{pmatrix}$$

앞 페이지의 B 　　Q　　 D

$$Q = \left[\begin{pmatrix} 0.78 & 0.06 \\ 0.07 & 0.79 \end{pmatrix} \begin{pmatrix} 0.78 & 0.07 \\ 0.06 & 0.79 \end{pmatrix} \right]^{-1} \begin{pmatrix} 0.78 & 0.06 \\ 0.07 & 0.79 \end{pmatrix} \begin{pmatrix} 0.98599 & 0.00005 \\ 0.00003 & 0.98987 \end{pmatrix} = \begin{pmatrix} 1.11 & -0.05 \\ -0.05 & 1.15 \end{pmatrix}$$

B의 전치행렬　　B　　B의 전치행렬　　앞앞 페이지의 C

$$d = \left[\begin{pmatrix} 1.11 & -0.05 \\ -0.05 & 1.15 \end{pmatrix} \begin{pmatrix} 1.11 & -0.05 \\ -0.05 & 1.15 \end{pmatrix} \right]^{-1} = \begin{pmatrix} 0.81 & 0.07 \\ 0.07 & 0.77 \end{pmatrix}$$

Q의 전치행렬　　Q

$$D = \begin{pmatrix} \sqrt{0.81} & 0 \\ 0. & \sqrt{0.77} \end{pmatrix} = \begin{pmatrix} 0.90 & 0 \\ 0 & 0.88 \end{pmatrix}$$

오른쪽 아래로 내려가는 대각선상의 값을 d의 제곱근값으로, 그밖의 부분의 값을 0으로 하는 행렬

- **인자상관 행렬 L**

$$L = \begin{pmatrix} 0.9991 & 0.0414 \\ 0.0421 & 0.9991 \end{pmatrix} \begin{pmatrix} 0.9991 & 0.0421 \\ 0.0414 & 0.9991 \end{pmatrix} = \begin{pmatrix} 1 & 0.08 \\ 0.08 & 1 \end{pmatrix}$$

$\underbrace{}_{T} \quad \underbrace{}_{T\text{의 전치행렬}}$

$$T = \left[\begin{pmatrix} 1.11 & -0.05 \\ -0.05 & 1.15 \end{pmatrix} \begin{pmatrix} 0.90 & 0 \\ 0 & 0.88 \end{pmatrix} \right]^{-1} = \begin{pmatrix} 0.9991 & 0.0414 \\ 0.0421 & 0.9991 \end{pmatrix}$$

$\underbrace{}_{Q} \quad \underbrace{}_{D}$

- **인자구조 행렬 S**

$$S = \begin{pmatrix} 0.78 & 0.03 \\ 0.89 & 0.01 \\ 0.99 & -0.03 \\ -0.03 & 0.94 \\ 0.02 & 0.86 \\ 0.02 & 0.79 \end{pmatrix} \begin{pmatrix} 1 & 0.08 \\ 0.08 & 1 \end{pmatrix} = \begin{pmatrix} 0.78 & 0.10 \\ 0.89 & 0.08 \\ 0.99 & 0.05 \\ 0.05 & 0.94 \\ 0.09 & 0.86 \\ 0.09 & 0.79 \end{pmatrix}$$

$\underbrace{}_{P} \quad \underbrace{}_{L}$

10.3 분석 결과의 정도

프로맥스법에 따라 회전을 한 후 분석 결과의 정도는, 기여율이나 누적기여율로는 확인되지 않는다. 대신에 다른 공통인자의 영향을 제외한 기여나 다른 공통인자를 무시한 기여로 불리는 것에 기초해 확인하는 것도 있지만 특별히 확인되지 않는 것도 있다.

「다른 공통인자의 영향을 제외한 기여」는 개념을 이해하기 어렵기 때문에 여기서는 「다른 공통인자를 무시한 기여」만을 해설한다.[11]

「다른 공통인자를 무시한 i번째 공통인자의 기여」는 인자구조행렬에 각각의 값을 제곱하여 모두 더한 것이다. 본장의 예를 보면,

	다른 공통인자의 영향을 무시한 기여
제1공통인자	$r_{1f_1}^2 + r_{2f_1}^2 + r_{3f_1}^2 + r_{4f_1}^2 + r_{5f_1}^2 + r_{6f_1}^2$ $= 0.78^2 + 0.89^2 + 0.99^2 + 0.05^2 + 0.09^2 + 0.09^2$ $= 2.40$
제2공통인자	$r_{1f_2}^2 + r_{2f_2}^2 + r_{3f_2}^2 + r_{4f_2}^2 + r_{5f_2}^2 + r_{6f_2}^2$ $= 0.10^2 + 0.08^2 + 0.05^2 + 0.94^2 + 0.86^2 + 0.79^2$ $= 2.28$

따라서 값이 큰 만큼 그 공통인자는 많은 목적변수와 관련이 깊다고 할 수 있다. 또한 베리맥스법과 같이 「다른 공통인자를 무시한 기여 "율"」은 요구하지 않는다.

「다른 공통인자를 무시한 기여」는 절대적인 것은 아니고 상대적인 것이다. 즉, 「이쪽의 공통인자보다 저쪽의 공통인자가, 저쪽의 공통인자보다 이쪽의 공통인자가 큰 값이다.」라는 상태로 다소 여유 있게 파악해야 할 것이다. 그러므로 모처럼 구한 것에서 「그러니까 무엇이다.」라는 뒷맛이 안 좋은 게 남는 것을 부인하기 어렵다.

---

[11] 어디까지나 개념을 이해하기 어려워서 해설하지 않는다는 것만으로는 「다른 공통인자의 영향을 제외한 기여는 안 된다.」라고 하는 것은 결코 아니다.

10.4 인자점수

본장의 예로 말하면, 프로맥스법에 따른 회전을 한 후, 회귀법에 따른 인자점수는 다음 계산으로 구할 수 있다.

변수마다 표준화된 데이터 (163페이지 참조) 상관행렬의 역행렬 (174페이지 참조) 인자구조행렬 S (213페이지 참조)

$$\begin{pmatrix} f_{A1} & f_{A2} \\ f_{B1} & f_{B2} \\ f_{C1} & f_{C2} \\ f_{D1} & f_{D2} \\ f_{E1} & f_{E2} \\ f_{F1} & f_{F2} \\ f_{G1} & f_{G2} \\ f_{H1} & f_{H2} \\ f_{I1} & f_{I2} \\ f_{J1} & f_{J2} \\ f_{K1} & f_{K2} \\ f_{L1} & f_{L2} \\ f_{M1} & f_{M2} \\ f_{N1} & f_{N2} \\ f_{O1} & f_{O2} \end{pmatrix} = \begin{pmatrix} 1.2 & 1.6 & 1.3 & 0.4 & 0.5 & -0.9 \\ 1.2 & 0.8 & 1.3 & -1.2 & -1.0 & -0.9 \\ 0.4 & 0.8 & 0.3 & 0.4 & 0.5 & 0.6 \\ -1.2 & 0.1 & 0.3 & -0.4 & -0.3 & -0.1 \\ -0.4 & 0.1 & -0.6 & -0.4 & 0.5 & -1.6 \\ 1.2 & 0.8 & 1.3 & -0.4 & -1.0 & -0.1 \\ 1.2 & 1.6 & 1.3 & 0.4 & 1.3 & 1.3 \\ -0.4 & -1.5 & -1.6 & 1.3 & 0.5 & 0.6 \\ 0.4 & -1.5 & -0.6 & -0.4 & -1.0 & -0.1 \\ -2.0 & -0.7 & -1.6 & -1.2 & -1.0 & -0.9 \\ -0.4 & -0.7 & -0.6 & -2.1 & -1.8 & -1.6 \\ 0.4 & 0.1 & 0.3 & 0.4 & -0.3 & 0.6 \\ -0.4 & -0.7 & -0.6 & 0.4 & 1.3 & 1.3 \\ 0.4 & 0.1 & 0.3 & 1.3 & 0.5 & 1.3 \\ -1.2 & -0.7 & -0.6 & 1.3 & 1.3 & 0.6 \end{pmatrix} \begin{pmatrix} 1 & 0.65 & 0.80 & 0.11 & 0.01 & 0.14 \\ 0.65 & 1 & 0.89 & 0.02 & 0.19 & 0.01 \\ 0.80 & 0.89 & 1 & 0.02 & 0.04 & 0.10 \\ 0.11 & 0.02 & 0.02 & 1 & 0.82 & 0.77 \\ 0.01 & 0.19 & 0.04 & 0.82 & 1 & 0.64 \\ 0.14 & 0.01 & 0.10 & 0.77 & 0.64 & 1 \end{pmatrix}^{-1} \begin{pmatrix} 0.78 & 0.10 \\ 0.89 & 0.08 \\ 0.99 & 0.05 \\ 0.05 & 0.94 \\ 0.09 & 0.86 \\ 0.09 & 0.79 \end{pmatrix}$$

$$= \begin{pmatrix} 1.39 & 0.29 \\ 1.22 & -1.14 \\ 0.30 & 0.50 \\ 0.33 & -0.29 \\ -0.46 & -0.36 \\ 1.17 & -0.51 \\ 1.25 & 0.83 \\ -1.56 & 0.96 \\ -0.70 & -0.56 \\ -1.65 & -1.17 \\ -0.71 & -2.00 \\ 0.25 & 0.30 \\ -0.61 & 0.80 \\ 0.28 & 1.13 \\ -0.51 & 1.22 \end{pmatrix}$$

11. 가정할 수 있는 공통인자 개수의 상한

적어도 베리맥스법이 프로맥스법에 따르는 회전을 범위에 넣어 인자분석을 실행하는 경우, 가정할 수 있는 공통인자의 개수에 상한이 있다는 것에 대해 구체적으로

$$\text{공통인자의 개수} \leq \frac{2 \times \text{목적변수의 개수} + 1 - \sqrt{8 \times \text{목적변수의 개수} + 1}}{2}$$

의 관계가 성립한다는 것을 알아두기 바란다.

다음은 가정할 수 있는 공통인자의 상한을 전단계의 부등식을 기초로 계산해, 아래 표에 정리한 것이다.

◆표 5.2 가정할 수 있는 공통인자의 상한

목적변수의 개수		가정할 수 있는 공통인자 개수의 상한	목적변수의 개수		가정할 수 있는 공통인자 개수의 상한
1	→	0	21	→	15
2	→	0	22	→	15
3	→	1	23	→	16
4	→	1	24	→	17
5	→	2	25	→	18
6	→	3	26	→	19
7	→	3	27	→	20
8	→	4	28	→	21
9	→	5	29	→	21
10	→	6	30	→	22
11	→	6	31	→	23
12	→	7	32	→	24
13	→	8	33	→	25
14	→	9	34	→	26
15	→	10	35	→	27
16	→	10	36	→	28
17	→	11	37	→	28
18	→	12	38	→	29
19	→	13	39	→	30
20	→	14	40	→	31

12. 주인자법과 베리맥스법을 「과거의 유물」 취급하는 것에 대한 반박

 의미를 잘 이해하지 못하는 곳이 몇 군데 있을지도 모르지만, 인자분석을 본서에서 처음으로 알게 된 독자도 이 부분은 반드시 읽어 주기 바란다.
 이 장의 예에서는, 인자부하량의 계산방법으로 주인자법을 채택하고, 회전방법으로는 베리맥스법을 채택했다. 실은 주인자법이나 베리맥스법은 「과거의 유물」이나 「적절하지 않은 것」으로 취급을 받고 있다. 좀더 구체적으로 말하면, 요즈음은 「주인자법+베리맥스법」은 아니고 「최우법+프로맥스법」이 대세다.
 필자는 주인자법과 베리맥스법을 「과거의 유물」이나 「적절치 않은 것」으로 취급하는 것에 대해 회의를 가지고 있다. 이유는 아래와 같다.

- 주인자법은 크게 보면 **스펙트럼 분해**[12]라고 하는 「신식과 구식」, 「좋고 나쁨」을 논할 여지가 없는 계산법이다.
- 주인자법은 최우법과는 달리 「모집단이 다변량 정규분포에 따르지 않으면 안 된다.」[13]라고 하는 강력한 제약이 없다.
- 주인자법은 언뜻 보면 난해한 것 같지만, 실제로는 최우법보다 계산이 쉽다.
- 베리맥스법으로 바뀌는 것으로 주목받고 있는 프로맥스법도 목표 행렬이나 K의 결정 방법에 다소 의문스러운 곳이 있어, 포기해 버리는 것이 좋다고 할 수 있는 회전방법은 아니다.
- 분명히 베리맥스법의 「임의의 공통인자 간 단순상관계수의 값은 0이다.」라고 하는 가정에는 무리가 있지만, 진리의 탐구로부터는 거리가 있는 「계산이 비교적 쉽다.」거나 「PC의 성능상 어쩔 수 없었다.」 등의 이유로 오랫동안 묵인해 온 베리맥스법을 갑자기 「과거의 유물」이나 「적절치 않은 것」 취급하는 것은 인도적으로 무리가 있다고 생각한다.
- 주인자법과 베리맥스법을 「과거의 유물」이나 「적절치 않은 것」 취급하는 것은 「주인자법이나 베리맥스법에 따르는 연구결과는 볼 필요도 없고 참고할 가치도 없다, 「저런 것은 무시하자.」라고 말하는 것과 다름없고, 그렇게 해 버리면 「주인자법+베리맥스법」에 따르는 연구결과밖에 존재하지 않을 것이다라는 현상[14]에서는 믿을 수 있는 자료가 전무하기 때문이다.[15]

---

12 간단히 말하면, 84~86페이지에서 설명한 것이 스펙트럼 분해이다.
13 필자의 주관이다.
14 이 부분을 집필하던 때는 2006년 가을이다.
15 주위에서 「아직도 주인자법이나 베리맥스법으로 인자분석을 하고 있습니까? 어쩔 수 없는 사람이군.」하고 말한다면, 결국은 그 말을 한 사람이 곤경에 빠질 것이라고 필자는 생각한다.

이제 필자의 생각을 말하겠다. 인자부하량 계산 방법에 대해서는 주인자법과 최우법의 차이는 「신식과 구식」, 「좋고 나쁨」이 아니라 「흐름」으로 파악할 수밖에 없다고 생각한다. 회전방법에 대해서는 베리맥스법의 「임의의 공통인자 간의 단순상관계수의 값은 0이다.」라는 가정은 확실히 무리가 따르지만, 그렇다고 하더라고 프로맥스법보다 특별히 못하지 않다는 느낌이 든다.」는 정도로 생각한다.

13. 인자분석의 용어

이 책에서는 인자분석의 목적변수에 대해 계속하여 「목적변수」라고 써 왔다. 하지만 일반적으로는 관측변수라고 부른다는 것을 알아두자.

공통인자는 잠재변수라고 부르는 경우도 있고, 인자부하량은 경로계수라고 부르기도 한다.

제5장 인자분석

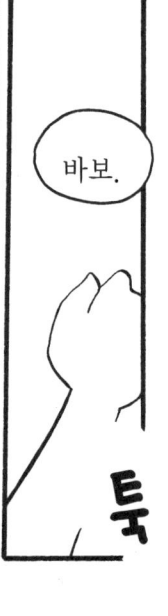

220 만화로 쉽게 배우는 인자분석

제5장 인자분석

부록

다양한 분석 기법

1. 다변량분석
   1.1 다변량분석의 개요
   1.2 중회귀분석
   1.3 로지스틱 회귀분석
   1.4 군집 분석
   1.5 대응분석과 수량화Ⅲ류
   1.6 구조방정식 모델링

2. 기타
   2.1 통계적 가설검정
   2.2 카플란 · 마이어법

여기에서는 「만화로 배우는 통계학」과 「만화로 배우는 통계학[회귀분석편]」에 등장한 것을 포함해 잘 알려진 분석 기법을 몇 가지 소개한다.
- 분석 방법은 어떠한 것들이 있는가?
- 각각의 분석 방법은 어떤 특징이 있는가?
- 분석을 통해 어떤 것을 알 수 있는가?

1. 다변량분석

1.1 다변량분석의 개요

19페이지에서 말한 것처럼, **다변량분석**은 아래 표와 같은 수많은 변수로부터 나오는 데이터에 대한 분석방법의 총칭이다.

	변수 1	변수 2	변수 3	변수 p
응답자 1	34	1	⋯	171.7
응답자 2	27	0	⋯	156.8
⋮	⋮	⋮	⋮	⋮
응답자 n	19	1	⋯	178.3

「다변량분석」의 범위에 속하는 분석방법에는 본책에서 해설한 주성분분석과 인자분석 외에도 다양한 종류가 있는데, 대표적인 것을 아래에 정리했다.

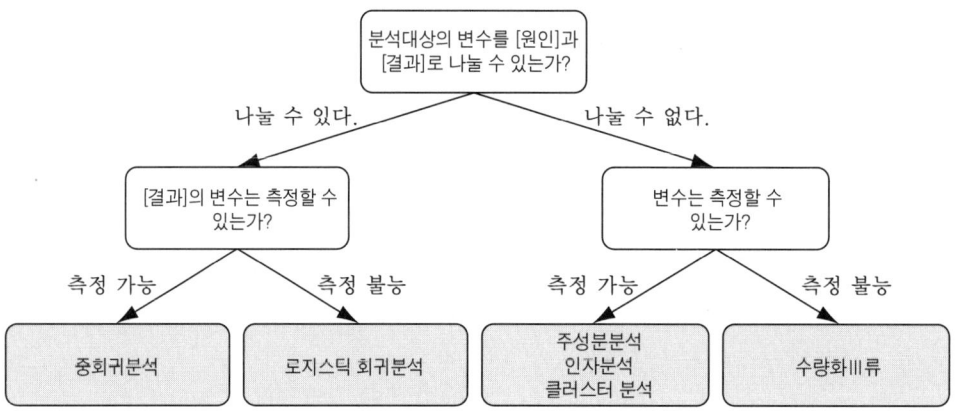

이 그림에 나와 있는 것들에서
- 중회귀분석
- 로지스틱 회귀분석
- 클러스터분석
- 수량화Ⅲ류

를 본절에서 소개한다. 아울러 **대응분석**과 **구조방정식 모델링**이라는 것도 소개한다.

1.2 중회귀분석

중회귀분석은 복수의 설명변수를 기초로 수치를 예측하는 분석방법이다.

■ 구체 사례

아래 표는 「×××베이커리」라고 하는 제과점의 데이터를 적은 것이다.

	제과점의 넓이(평)	전철역까지 거리(m)	1일 매상(만 원)
강남 본점	10	80	469
사당역점	8	0	366
종로점	8	200	371
목동점	5	200	208
구파발점	7	300	246
천호점	8	230	297
청량리점	7	40	363
을지로입구역점	9	0	436
이대입구점	6	330	198
홍대점	9	180	364

각 변수의 관계를

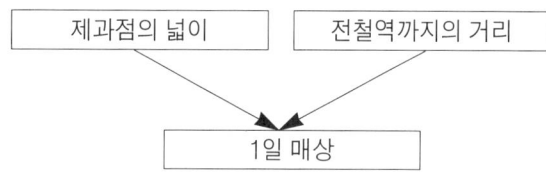

으로 가정해 중회귀분석을 실제로 해 보면,

$$y = 41.5x_1 - 0.3x_2 + 65.3$$

(1일 매출액) (제과점의 넓이) (전철역까지의 거리)

이라는 식이 된다. x_1과 x_2에 다양한 값을 대입하면 y값을 시뮬레이션할 수 있다.

> **Point!**
>
> 중회귀분석에 관심이 있는 독자는 출처 「만화로 쉽게 배우는 회귀분석」(성안당)을 참고하기 바란다. 여기에서는 구체적인 예를 기초로 중회귀분석을 자세하게 해설하고 있다.

1.3 로지스틱 회귀분석

로지스틱 회귀분석은 복수의 설명변수를 기초로 확률을 예측하는 분석 기법이다.

■ 구체 사례

아래 표는 별이가 아르바이트를 하는 카페인 노른으로 매일 1개씩 납품되는「노른스페셜」이라고 하는 케이크의 판매 상황을 적은 것이다.

	수요일이나 토요일 또는 일요일	최고기온(℃)	노른스페셜의 판매량
5일(월)	0	28	1
6일(화)	0	24	0
7일(수)	1	26	0
8일(목)	0	24	0
9일(금)	0	23	0
10일(토)	1	28	1
11일(일)	1	24	0
12일(월)	0	26	1
13일(화)	0	25	0
14일(수)	1	28	1
15일(목)	0	21	0
16일(금)	0	22	0
17일(토)	1	27	1
18일(일)	1	26	1
19일(월)	0	26	0
20일(화)	0	21	0
21일(수)	1	21	1
22일(목)	0	27	0
23일(금)	0	23	0
24일(토)	1	22	0
25일(일)	1	24	1

각 변수의 관계를

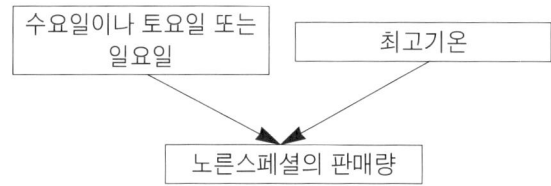

을 가정해서 로지스틱 회귀분석을 실제로 수행해 보면,

$$y = \frac{1}{1+e^{-(2.44x_1+0.54x_2-15.20)}}$$

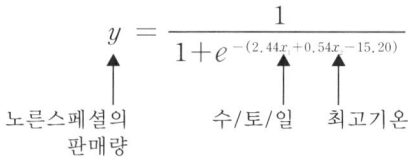

이라는 식이 된다. x_1과 x_2에 다양한 값을 대입하면 y값을 시뮬레이션할 수 있다.

로지스틱 회귀분석에 관심이 있는 독자는 「만화로 쉽게 배우는 회귀분석」(성안당)을 참고하기 바란다. 여기에서는 구체적인 예를 기초로 중회귀분석을 자세하게 해설하고 있다.

1.4 군집 분석

군집 분석은 분석대상 간의 거리에 근거해 분석대상을 몇 개의 군집으로 분류하는 분석 기법이다. 『분석대상』이란 개수 혹은 변수를 가리킨다.

『군집 분석 따위를 특별히 시행해 보지 않아도 주성분분석이나 인자분석을 시행하게 되면 개체와 변수를 분류할 수 있지 않는가?』라고 생각할 독자가 있을지도 모르겠다. 분명히 그럴 것이다. 그러나 주성분분석이나 인자분석에서는 과감한 분류밖에는, 즉「점그래프를 보았는데 이 응답자와 저 응답자가 비교적 비슷한 것 같다.」라는 정도의 분류밖에 할 수 없다는 것을 이해할 수 있을까? 결국 한층 정확한 분류가 가능하기 때문에 군집 분석이 있다.

■ 구체 예

아래 표는 어느 중학교 3학년 학생들의 테스트 결과를 적은 것이다.

	국어	사회	과학	영어	수학
A	93	100	89	84	77
B	100	98	89	95	86
C	84	84	99	85	100
D	70	73	92	66	77
E	70	72	89	66	75
F	66	68	95	57	82
G	74	70	96	93	88
H	74	75	95	70	79
I	76	77	92	78	83
J	79	88	100	86	100

군집의 개수를 「2개」라고 가정한 상태에서 군집 분석을 실제로 수행하면, 아래와 같이 분류된다.

제1군집	제2군집
A	D
B	E
C	F
G	H
J	I

> **Point!**
>
> 구체적인 사례에서 글을 읽고 고개를 갸웃거리는 독자도 적지 않을 것이다. 실은 군집 분석에서 군집의 개수는 분석 "후"에 "판명"되는 것이 아니다. 인자분석에 있어서 공통 인자의 개수와 마찬가지로, 분석자가 분석 "전"에 "가정"해야 하는 것이다.
>
> 군집 분석은 분석대상 간의 거리에 근거해 분석대상을 분류하며, 어디까지나 수학적인 분석방법이다. 「제1군집은 어떠한 특징을 가진 사람들로 이뤄지는 집단인가?」라고 한 것까지는 군집 분석에서는 알기 어렵다. 각 군집의 특징은 일단 군집 분석을 할 만큼 한 후에 분석자가 "추가적으로" 또는 "주관적"으로, 예를 들어 「제1군집은 공부에 자신있는 사람들, 제2군집은 그렇지 못한 사람들」 정도로 해석하게 된다.
>
> 군집 분석에는 「흐름」이라고 말해야 할 다수의 계산방법이 존재한다.
>
> 여기서 설명하려는 것을 다시 한번 보아 주기 바란다. 군집 분석은 「자의적」인 것이라는 비난을 면할 수 없는 점이 많은 분석 방법이라는 것을 이해하겠는가? 그렇다는 것이 다른 책에는 그다지 자세히 나와 있지 않기 때문에 여기에서는 특별히 강조해 두고자 한다.

1.5 대응분석과 수량화Ⅲ류

수량화Ⅲ류와 매우 유사한 분석 기법으로 **대응분석**이라는 것이 있다. 여기서는 대응분석을 우선 소개하고, 그 다음에 수량화Ⅲ류를 소개하고자 한다. 대응분석은 보통은 다변량분석의 범위에는 포함되지 않는다.

대응분석은 교차집계표를 점그래프화하는 분석 방법이다. 좀더 구체적으로 말하면, 「교차집계표의 각 카테고리」에 「교차집계표의 정보가 충분히 나타난 값」을 나타내는 분석 기법이다. 교차집계표의 대략적인 항공사진을 찍는 분석 기법이라고 파악해도 괜찮을 것이다.

■ **구체 사례**

아래 표는 중학생, 고등학생, 대학생을 대상으로 행한 어느 설문조사의 결과로부터 구한 교차집계표이다.

(단위 : 명)

		가장 좋아하는 아티스트				계
		A	B	C	D	
학교급	중학생	10	19	13	5	47
	고등학생	13	8	15	16	52
	대학생	18	11	14	8	51
계		41	38	42	29	150

위 표에 대해 대응분석을 실시하면, 아래 그림과 같은 결과가 도출된다.

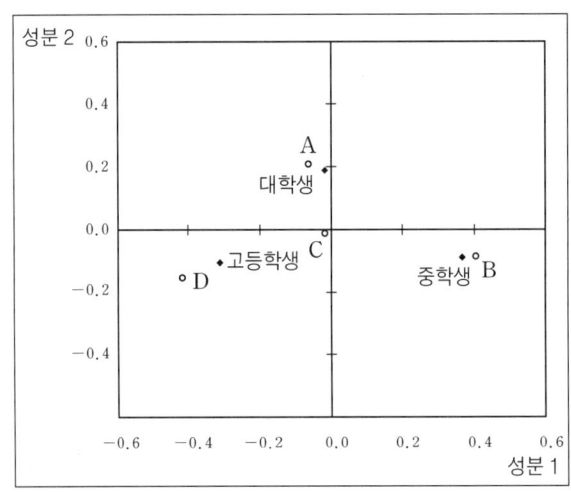

「중학생은 B」를, 「고등학생은 D」를, 「대학생은 A」를 좋아한다는 것을 한눈에 알 수 있다.

그럼 이제부터가 **수량화Ⅲ류**이다. **수량화Ⅲ류**는, 말하자면「실제 데이터를 대상으로 한 대응분석」이다.

- 실제 데이터를 점으로 만드는 분석 기법
- 「실제 데이터의 응답자 및 변수」에「실제 데이터의 정보가 충분히 나타난 값」을 나타내는 분석 기법
- 실제 데이터의 대략적인 항공사진을 찍는 분석 수법

이라고도 할 수 있다.

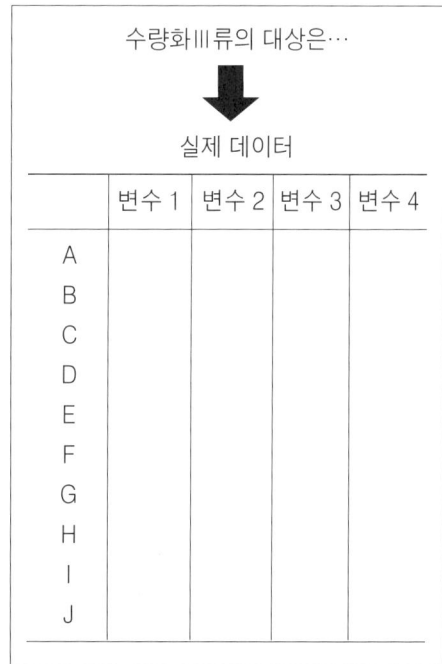

■ 구체 사례

아래 표는 좋아하는 잡지에 대하여 20대 여성들에게 설문한 결과를 나타낸 것이다.

	KK	nana	momo	Lay	KITINA
A	0	0	1	1	1
B	0	0	0	1	0
C	1	0	0	0	0
D	1	0	0	0	1
E	0	1	1	1	0
F	0	1	0	1	0
G	0	1	0	0	0
H	1	1	1	0	1
I	1	1	0	1	1
J	1	0	0	1	1

위의 표에 대해 수량화Ⅲ류를 실시하면, 아래 그림과 같은 결과가 나온다.

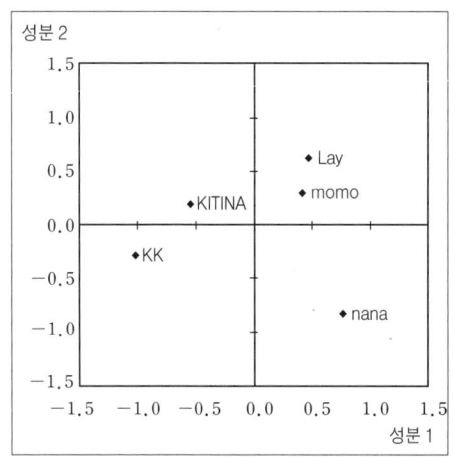 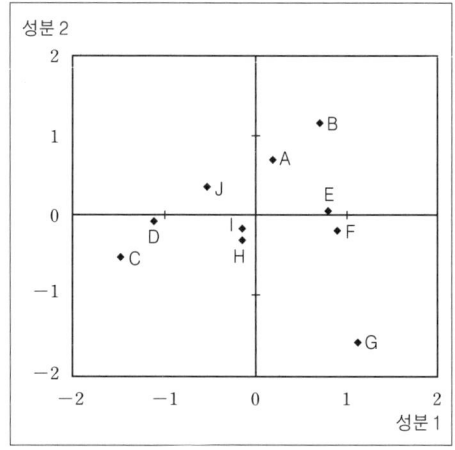

「nana를 좋아하는 것은 G」, 「KK를 좋아하는 것은 C」라는 것을 한눈에 알 수 있다.

1.6 구조방정식 모델링

아래와 같은 그림을 **경로도**라 부른다.

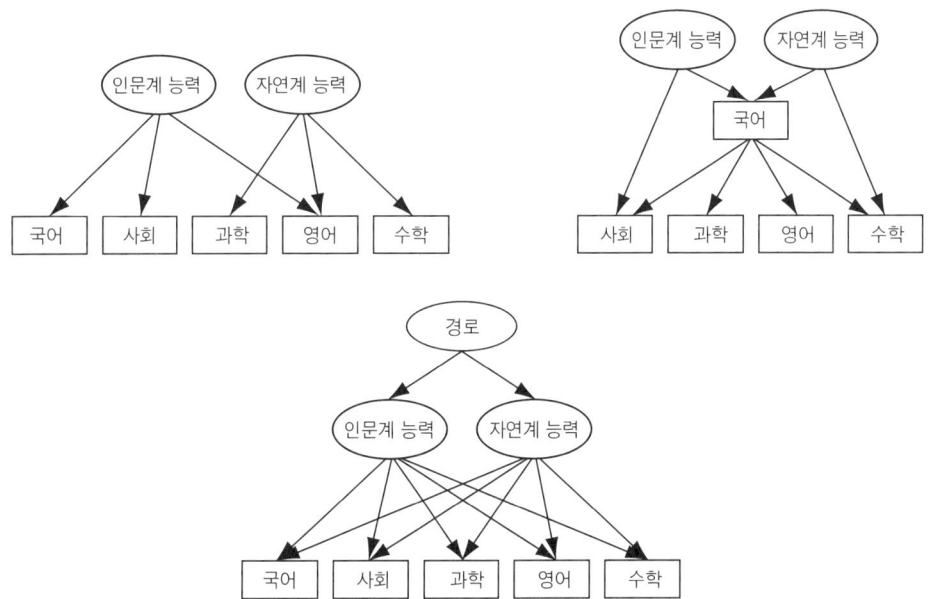

경로도는 「대상은 틀림없이 이러이러한 구조일 것이다.」라는 분석자의 "주관적"인 가설을 그림으로 나타낸 것이다. 사각형으로 나타낸 변수는 관측변수이며, 타원으로 나타낸 변수는 잠재변수이다.

구조방정식 모델링은 분석자가 그린 경로도가 사실인지 아닌지, 즉 「대상은 틀림없이 이러이러한 구조일 것이다.」라는 분석자의 주관적인 가설이 사실과 일치하는지 여부를 확인하기 위한 분석 방법이다. **경로계수**(※인자부하량에 상당하는 각각의 구체적인 값)를 구하기 위한 분석 방법이기도 하다.

「구조방정식 모델링」이라는 용어는 Structural Equation Modeling을 번역한 것이다. 하지만 「구조방정식 모델링」이 너무 길어서 보통은 줄여서 「SEM」이라고 부른다.

「SEM」은 「셈」이나 「에스이엠」이라고 읽는다. 구조방정식 모델링은 일반적으로 **공분산구조분석**으로 부르는 경우도 많다.

> **Point!**

구조방정식 모델링은 48페이지에서 말한「검증형」과 비슷한 분석 방법이다. 즉,
① 가설을 설정한다
② 데이터를 수집한다.
③ 분석을 실시한다.
의 순서를 밟는 분석 방법이다. 이를 충분히 이해하지 못하면
- 잠재변수가 몇 개 있는지 모른다.
- 각 잠재변수와 각 관측변수의 관계가 어떻게 되어 있을지 모른다.
- 화살표를 어디에 그어야 하는지 모른다.

는 자기모순에 빠진다.「모른다기보다도 그것들을 ①의 단계에서 자신의 머리로 생각하는 것이 구조방정식 모델링에서 분석자의 일이다.」라는 것을 제대로 인식한 뒤에 분석에 임할 필요가 있다.

구조방정식 모델링용에 쓰이는 우수한 소프트웨어가 시중에는 얼마든지 나와 있다. 참 반가운 일이다. 하지만 너무 우수한 소프트웨어가 오히려 역효과를 내어,「구조방정식 모델링은 간단하다.」는 오해가 만연해진 것 같다. 구조방정식 모델링은 간단한 것이 아니다. 필자는 구조방정식 모델링이 인자 분석보다 여러 가지 의미로 어렵다고 생각하고 있다. 게다가 구조방정식 모델링에서는 해가 구해지지 않아 분석에 실패하는 것이 적지 않다. 그러므로「이번 분석에서는 SEM에 도전해 보려고 한다.」고 가볍게 말하지 않는 편이 좋을 것이다.

2. 기타

2.1 통계적 가설검정

통계적 가설검정은 모집단에 대해 분석자가 세운 가설이 올바른지 아닌지를 표본의 데이터로부터 추측하는 분석방법이다. 일반적으로는「검정」이라고 부른다.

지금 말한 것처럼, 통계적 가설검정은 모집단에 대해 분석자가 세운 가설이 올바른지 아닌지를 표본의 데이터로부터 추측하는 분석 방법이다. 결코「무엇인지는 잘 모르지만, "p값"이라는 것이 작으면, 즉 "의미"가 있다면 수학적으로 충분한 것」이라거나「수학적으로 인정받을 수 있는 편리한 것」이 아니다. 오해하는 사람이 적지 않은 것 같으므로, 지금부터 배우는 사람은 물론 이미 배웠던 사람도 충분히 주의하는 것이 좋겠다.

「통계적 가설검정」은 하나의 분석 방법에 붙이는 명칭이 아니라 총칭이다. 통계적 가설 검정에는

- 모평균의 차이 검정(※이른바「t 검정」)
- 독립성의 검정(※이른바「카이제곱검정」)
- 모비율의 차이 검정
- 모분산의 차이 검정
- Wilcoxon 검정

등 다양한 종류가 존재한다.

■ 구체 사례
- 모평균의 차이 검정

「서울의 모든 샐러리맨의 1개월 간 용돈액의 평균」과「부산의 모든 샐러리맨의 1개월 간 용돈액의 평균」이 얼마나 차이가 나는지에 대해 추측한다.

	지역	금액(원)	
A	서울	425,000	
B	서울	408,000	
C	서울	394,000	평균 410,600 원
D	서울	428,000	
E	서울	398,000	
F	부산	387,000	
G	부산	400,000	
H	부산	385,000	평균 392,600 원
I	부산	421,000	
J	부산	370,000	

● **독립성의 검정**

모집단에서 「학교급」과 「가장 좋아하는 아티스트」의 크래머 연관계수(※본서에서는 해설하고 있지 않음.)의 값이 0인지 아닌지, 바꾸어 말하면 「학교급」과 「가장 좋아하는 아티스트」가 관련 있을지의 추측

(단위 : 명)

		가장 좋아하는 아티스트				계
		A	B	C	D	
학교급	중학생	10	19	13	5	47
	고등학생	13	8	15	16	52
	대학생	18	11	14	8	51
계		41	38	42	29	150

> **Point!**
> 「서울의 샐러리맨들이 더 많이 받고 있는 것은 데이터에서 분명하지 않은가?」라고 생각해서는 안 된다. 표에 기재된 것은 표본의 정보이며, 모집단에 대한 정보가 없는 것에 주의가 필요하다. 여기서 다시 한번 말하지만, 통계적 가설검정은 모집단에 대해 분석자가 세운 가설이 올바른지 어떤지를 표본의 데이터로부터 추측하는 분석 방법이다.
>
> 통계적 가설검정은 너무 잘 알려져 있지만 생각만큼 그렇게 쉽지 않다. 그래서 여기서는 분석결과에 대해 설명을 할애하고 있다.
>
> 통계적 가설검정에 관심이 있는 독자는 「만화로 배우는 통계학」(성안당)을 참고로 해 주기 바란다.

2.2 카플란 · 마이어법

카플란 · 마이어법은 생존율을 추정하는 방법의 하나이다. 「카플란」과 「마이어」 모두 인명이며, 전자는 Edward Kaplan이고, 후자는 Paul Meier이다.

카플란 · 마이어법의 특징은, 예를 들어 분석자의 관심 대상이 폐암환자의 생존율이었다고 하면, 아래의 환자들의 데이터도 포함한 생존율을 추정한다는 점에 있다.

- 관찰 기간 중에 교통사고 등의 폐암과는 무관한 사건으로 사망한 환자
- 관찰 기간 중에 병원을 바꾼 환자
- 분석자가 정한 관찰 종료 시점까지 살아 있는 환자

■ 구체 사례

아래 표는 말기 폐암 환자에게 항암제를 투여하기 시작한 시점으로부터 경과를 관찰하여 적은 것이다.

	항암제를 투여하기 시작한 시점으로부터 기간	결과	
A	17	1	← 폐암으로 사망
B	10	0	← 관찰 종료 시점까지 생존
C	15	0	← 폐암과는 무관한 사건으로 사망
D	20	1	← 폐암으로 사망
E	7	1	← 폐암으로 사망
F	6	0	← 병원을 옮김
G	9	1	← 폐암으로 사망
H	22	0	← 관찰 종료 시점까지 생존
I	8	0	← 폐암과는 무관한 사건으로 사망
J	24	0	← 관찰 종료 시점까지 생존

카플란 · 마이어법을 적용하면 아래 그림과 같은 결과가 나온다.

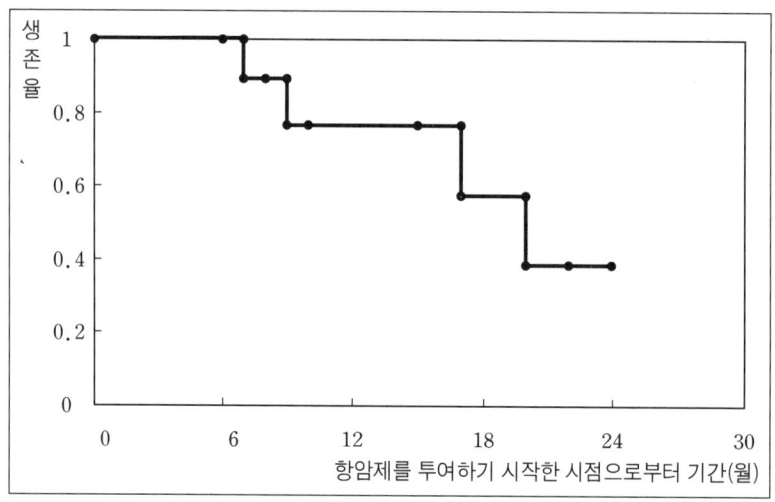

Point!

여기서 거론된 구체적인 사례와 같이, 어느 1군의 생존율을 추정하기 위해 카플란 · 마이어법을 이용하는 것은, 결코 나쁜 방법은 아니지만 조금 아쉬운 느낌이 든다. 「약제 X를 복용한 환자군」과 「약제 Y를 복용한 환자군」과 「아무 것도 복용하지 않는 환자군」의 생존율을 카플란 · 마이어법으로 각각 추정해, 그 차이가 확인되는지를 로그랙 검정(※본서에서는 설명하고 있지 않다.)으로 검토하는 방법도 있다는 것을 알아두기 바란다.

참고문헌

■ 제1장/제2장
- 内田治『すぐわかるEXCELによるアンケートの調査・集計・解析』(東京図書) 1997
- 大谷信介/木下栄二/後藤範章/小松洋/永野武『社会調査へのアプローチ (第2版) −論理と方法−』(ミネルヴァ書房) 2005
- 大谷信介編『これでいいのか市民意識調査 −大阪府44都道府県の実態が語る課題と展望−』(ミネルヴァ書房) 2002
- 鎌原雅彦/宮下一博/大野木裕明/中澤潤編『心理学マニュアル 質問紙法』(北大路書房) 1998
- 鈴木武/山田作太郎『数理統計学 −基礎から学ぶデータ解析−』(内田老鶴圃) 1996
- 竹内光悦/元治恵子/山口和範『図解入門ビジネス アンケート調査とデータ解析の仕組みがよ〜くわかる本』(秀和システム) 2005
- 谷岡 一郎『「社会調査」のウソ─リサーチ・リテラシーのすすめ』(文春新書) 2000
- 土屋隆裕『社会教育調査ハンドブック』(文憲堂) 2005
- 豊田秀樹『調査法講義』(朝倉書店) 1998
- 好井裕明『「あたりまえ」を疑う社会学 質的調査のセンス』(光文社) 2006

■ 제3장/제4장/제5장
- 足立浩平『多変量データ解析法 −心理・教育・社会系のための入門−』(ナカニシヤ出版) 2006
- 内田治/菅民郎/高橋信『文系にもよくわかる多変量解析』(東京図書) 2005
- 小塩真司『研究事例で学ぶSPSSとAmosによる心理・調査データ解析』(東京図書) 2005
- 小野寺孝義/山本嘉一郎編『SPSS事典 −BASE編−』(ナカニシヤ出版) 2004
- 菅民郎『多変量解析の実践 (上)』(現代数学社) 1993
- 芝祐順『因子分析法 (第2版)』(東京大学出版会) 1979
- Shin Takahash 著/윤성철 譯『만화로 쉽게 배우는 회귀분석』성안당 2006
- Shin Takahash 著/윤성철 譯『만화로 쉽게 배우는 통계학』성안당 2006
- 永田靖/棟近雅彦『多変量解析法入門』(サイエンス社) 2001
- 南風原朝和『心理統計学の基礎 −統合的理解のために−』(有斐閣) 2002
- 松尾太加志/中村知靖『誰も教えてくれなかった因子分析』(北大路書房) 2002
- 柳井晴夫/繁桝算男/前川眞一/市川雅教『因子分析 −その理論と方法−』(朝倉書店) 1990
- 柳井晴夫/高木廣文/市川雅教/服部芳明/佐藤俊哉/丸井英二『多変量解析ハンドブック』(現代数学社) 1986
- 山口和範/高橋淳一/竹内光悦『図解入門 よくわかる 多変量解析の基本と仕組み』(秀和システム) 2004

찾아보기

ㄱ

검정 ·· 239
검증적인 인자분석 ···························· 204
검증형 ·· 48
경로계수 ································· 218, 237
경로도 ·· 237
고유값 ·· 81
고유벡터 ·· 81
공분산구조분석 ································ 237
공통성 ·· 172
관측변수 ·· 218
구조방정식 모델링 ·························· 237
군집 분석 ·· 232
기록법 ·· 45
기여율 ·· 120

ㄴ

누적기여율 ······································ 120
눈사람법 ·· 45

ㄷ

다른 공통인자를 무시한 기여 ·········· 214
다른 공통인자의 영향을 제외한 기여 ······ 214
다변량 정규분석 ······························ 206

다변량분석 ································ 19, 228
단수응답 ····································· 56, 57
단순무작위 추출법 ····························· 27
단위행렬 ·· 76
대응분석 ··································· 228, 234
대칭행렬 ·· 84
독립성의 검정 ································· 240
독립인자 ·· 152

ㄹ

Lagrange의 미정계수법 ·················· 115
로지스틱 회귀분석 ···························· 230

ㅁ

면접조사 ·· 38
모집단 ·· 25
모평균의 차이 검정 ························· 239
목적변수 ·· 106
목표 행렬 ·· 210
무작위 추출법 ···································· 44
문자응답 ····································· 56, 59

ㅂ

바이코티밍법 ···································· 182

바이쿼티맥스법 ·················· 182
바이트레트법 ···················· 194
베리맥스법 ······················ 182
복수응답 ······················ 56, 58
분산 ······························· 95
불편분산 ·························· 95

ㅅ

사교인자모델 ··················· 167
사교회전 ························ 182
상관행렬 ·························· 75
설명변수 ························ 106
소개법 ···························· 45
수량응답 ····················· 56, 59
수량화III류 ······················ 235
스크리도 ························ 202
스펙트럼 분해 ·················· 217
신뢰계수 ·························· 43
신뢰수준 ·························· 43
신뢰율 ··························· 43

ㅇ

RDD조사 ························ 38
앤더슨·루빈법 ················· 194
양적조사 ························· 46

SEM ···························· 237
역행렬 ····························· 92
연고법 ····························· 45
우편조사 ····················· 38, 39
원베리맥스법 ··················· 186
유의추출법 ······················· 44
유치조사 ·························· 38
응모법 ···························· 45
2단 추출법 ··················· 27, 32
인자 i ··························· 146
인자구조 행렬 ·················· 208
인자점수 ························ 146
인자부하량 ····················· 157
인자부하량 행렬 ·········· 180, 208
인자상관 행렬 ·················· 212
인자 패턴 행렬 ············ 180, 208
인터넷 조사 ················· 38, 39
인터셉트법 ······················· 45
일반화 최소제곱법 ············· 206

ㅈ

잠재변수 ························ 218
적합도 검정 ···················· 206
전수조사 ·························· 25
전치행렬 ·························· 93
전화조사 ·························· 38

제 i 공통인자	146	쿼티맥스법	182
제 i 인자	146		
조사 방법	24, 38	**ㅌ**	
조사표	39		
주성분	103	탐색적 인자분석	204
주성분점수	103	탐색형	48
주성분분석	99	통계적 가설검정	239
주인자법	162		
중회귀분석	229	**ㅍ**	
중회귀식	175		
직교인자모델	167	편차제곱의 합	95
직교회전	182	표본	25
질적조사	46	표본의 크기	42
		표본조사	25
ㅊ		표본추출법	24, 26
		표준편차	95
최소제곱법	206	표준화 베리맥스법	186
최우법	162, 206	프로맥스법	182, 210
층별2단 추출법	27, 36		
층별추출법	27, 28	**ㅎ**	
ㅋ		행렬의 곱셈	89
		행렬의 덧셈	89
카플란·마이어법	241	확인적 인자분석	204
컨조인트 분석	64	회귀법	194
코바리밍법	182	회귀추정법	194
코티밍법	182	회전	78

● 저자 약력

Shin Takahashi(高橋 信)

1972년 일본 니가타(新潟) 출생.
규슈예술공과대학(현 규슈대학) 대학원 예술공학연구과 정보 전달 전공 수료.
데이터 분석 업무 및 세미나 강사를 거쳐, 현재는 저술가로 활동 중.
http://www.geocities.jp/sinta9695

〈저서〉
『만화로 쉽게 배우는 통계학』(성안당)
『만화로 쉽게 배우는 회귀분석』(성안당)
『文系にもよくわかる多量解析』(東京書・공저)
『AHPとコンジョイント分析』(現代數學・공저)

● 역자 약력

남경현

충북대학교 수학교육과 졸업.
미국 몬태나주립대학교 대학원 통계학 석사, 네브래스카주립대학교 대학원 통계학 박사.
현재 경기대학교 경상대학 응용통계학과 교수.

〈저서〉
『통계학입문(이해와 응용)』(탐진출판사)

● **제작** TREND-PRO
1988년 창업된 회사로 만화로 신문이나 잡지의 광고특집을 제작하는 일을 하며, 관공서와 대기업, 각종 협회의 만화 광고 제작을 대행하고 있다. 최근에는 디지털 콘텐츠를 활용한 광고 제작과 출판기획 사업에도 참여하고 있다. 트렌드-프로의 작품은 홈페이지(http://www.trendpro.co.jp)에서 볼 수 있다.

● **시나리오** re_akino
● **그림** Iroha Inoue(井上 いろは)

만화로 쉽게 배우는
인자분석

원제 : マンガでわかる 統計學[因子分析編]

2008. 3. 25. 초판 1쇄 발행
2011. 9. 30. 초판 2쇄 발행
2017. 1. 10. 초판 3쇄 발행

저 자 | Shin Takahashi(高橋 信)
그 림 | Iroha Inoue(井上 いろは)
역 자 | 남경현
제 작 | TREND-PRO
펴낸이 | 이종춘
펴낸곳 | BM 주식회사 성안당
주소 | 04032 서울시 마포구 양화로 127 첨단빌딩 5층(출판기획 R&D 센터)
　　　 10881 경기도 파주시 문발로 112 출판문화정보산업단지(제작 및 물류)
전화 | 02) 3142-0036
　　　 031) 950-6300
팩스 | 031) 955-0510
등록 | 1973. 2. 1. 제406－2005－000046호
출판사 홈페이지 | www.cyber.co.kr
ISBN | 978-89-315-8014-3 (17410)
정가 | 16,000원

이 책을 만든 사람들
전산편집 | 김인환
홍보 | 박연주
국제부 | 이선민, 조혜란, 고운채, 김해영, 김필호
마케팅 | 구본철, 차정욱, 나진호, 이동후, 강호묵
제작 | 김유석

www.cyber.co.kr
성안당 Web 사이트

이 책은 Ohmsha와 BM 주식회사 성안당의 저작권 협약에 의해 공동 출판된 서적으로, BM 주식회사 성안당 발행인의 서면 동의 없이는 이 책의 어느 부분도 재제본하거나 재생 시스템을 사용한 복제, 보관, 전기적 · 기계적 복사, DTP의 도움, 녹음 또는 향후 개발될 어떠한 복제 매체를 통해서도 전용할 수 없습니다.

※ 잘못된 책은 바꾸어 드립니다.